Les céramiques à parois fines

Rue des Farges à Lyon

Catherine Grataloup

BAR International Series 457
1988

B.A.R.

5, Centremead, Osney Mead, Oxford OX2 0DQ, England.

GENERAL EDITORS

A.R. Hands, B.Sc., M.A., D.Phil.
D.R. Walker, M.A.

BAR -S457, 1988: 'Les céramiques à parois fines, Rue des Farges à Lyon'

© Catherine Grataloup, 1988

The author's moral rights under the 1988 UK Copyright, Designs and Patents Act are hereby expressly asserted.

All rights reserved. No part of this work may be copied, reproduced, stored, sold, distributed, scanned, saved in any form of digital format or transmitted in any form digitally, without the written permission of the Publisher.

ISBN   9780860545873   paperback
ISBN   9781407347424   e-book
DOI   https://doi.org/10.30861/9780860545873
A catalogue record for this book is available from the British Library
This book is available at www.barpublishing.com

AVANT-PROPOS

Avant de présenter le résultat de ces travaux, nous souhaitons adresser toute notre gratitude à Monsieur Armand DESBAT, Chargé de Recherches au C.N.R.S., sans qui cette étude n'aurait pu se faire. Sa disponibilité, ses conseils et son enseignement ont été pour nous un soutien constant.

Nous tenons à remercier Monsieur Yves ROMAN, Professeur à l'Université Lyon II, qui a accepté de diriger cette recherche ainsi que pour ses encouragements tout au long et même après cette recherche.

Notre reconnaissance va aussi a Monsieur Maurice PICON, Responsable du Laboratoire de Céramologie de Lyon, dont la bienveillance et les informations m'ont été d'une aide précieuse.

Que Monsieur Jacques LASFARGUES, Conservateur du Musée Gallo-Romain de Lyon, qui nous a donné des renseignements utiles sur les productions de l'atelier de la Muette, accepte nos remerciements les plus vifs.

Nous sommes également redevable à Madame Françoise MAYET pour les observations et les identifications qu'elle a bien voulu nous préciser sur les parois fines Hispaniques.

Nous remercions Monsieur Pierre PLATTIER pour la réalisation des photographies.

Que cet ouvrage soit, pour tout ceux qui m'ont aidé, le témoignage de ma reconnaissance.

Les céramiques à parois fines, aisément identifiables malgré une définition qui peut paraître ambiguë, constituent une part importante du matériel céramique livré par les fouilles. Cette catégorie de céramique composée pour l'essentiel de vases à boire a été produite dans de nombreux centres dont certains ont connu une large diffusion. C'est le cas de Lyon dont l'importance comme centre de production semble avoir été plus grande encore qu'on ne l'a cru jusqu'ici, et dont on sait maintenant qu'il a produit presque toutes les catégories de céramiques, des gobelets d'Aco aux amphores en passant par la sigillée.

Malgré cela, aucune recherche n'avait été encore réalisée sur les céramiques à parois fines lyonnaises en dehors de quelques notes sur les productions du Ier siècle, qui semblent avoir été très largement diffusées ; les travaux reposaient sur l'étude de quelques sites d'importation, comme Usk (GREENE 1979) par exemple.

La présente étude consacrée aux vases à parois fines de la rue des Farges à Lyon, vient donc combler une grosse lacune. Bien que ne partant pas des ateliers eux-mêmes, dont on connait d'ailleurs peu de chose, cette analyse permet d'envisager la production des ateliers lyonnais et leur évolution, technique, typologique et chronologique. Sur ce dernier point, le fait de partir d'un site de consommation, qui fut le premier à Lyon à faire l'objet d'études stratigraphiques, a permis d'obtenir des précisions chronologiques qui font souvent défaut dans les ateliers eux-mêmes, mais aussi d'envisager une approche quantitative. Cela a permis en outre de mettre en évidence, à côté du matériel d'origine locale largement majoritaire, l'existence d'importations d'Italie ou de Bétique, et de compléter ainsi l'étude de la diffusion de ces produits.

Sans doute ce travail ne constitue-t-il qu'une étape dans la mesure où le développement des fouilles dans la région lyonnaise non seulement apportera d'autres références typologiques et chronologiques qui compléteront l'étude du matériel de la rue des Farges, mais encore devrait enrichir notre connaissance des ateliers eux-mêmes.

Cela ne diminue en rien le mérite de cette étude qui constitue une référence attendue, dont la parution réjouira tous ceux qui s'intéressent aux céramiques fines gallo-romaines et aux céramiques à parois fines en particulier.

Armand DESBAT

Ce livre présente un ensemble de matériel mis au jour par le chantier du site de la rue des Farges qui fut l'un des premiers, à Lyon, auquel a été appliqué l'analyse stratigraphique.

Les fouilles de la rue des Farges, réalisées entre 1974 et 1980[1], se situent au coeur même de la cité antique, dans le secteur où AUDIN[2] localise l'implantation de la colonie de Plancus en 43 av. J.C. Elles ont révélé un quartier d'habitation gallo-romain, fréquenté de la fin du Ier siècle av. J.C. jusqu'au début du IIIe siècle ap. J.C. (Fig. 1 p. 2 et Fig. 2 p. 3).

Ce quartier, construit en terrasses étagées de l'Ouest vers l'Est et du Nord au Sud, est traversé dans sa partie haute par une voie aboutissant derrière l'Odéon et dans sa partie basse par une voie qui aboutit plus au Nord, en bordure de l'esplanade de l'Odéon.(Fig 2 p. 3).

Ce site, à la différence des grands édifices publics ayant fait l'objet de nombreuses recherches (odéon, théâtre, amphithéâtre par exemple), apporte de précieux renseignements sur les habitats domestiques.

Le secteur fouillé a été divisé en six zones de part et d'autre de la voie haute (Fig. 3 p. 4).

A) : Une grande maison trapézoïdale, orientée nord-sud, est installée sur une terrasse médiane, à l'Est du Cardo. Séparé d'elle par un étroit passage, un bloc d'habitation a été partiellement dégagé.

B) : A l'Ouest une grande maison à péristyle, avec des boutiques, est installée le long de la voie. Elle est construite sur les vestiges d'une demeure augustéenne, connue sur une petite partie.

C) : Le Cardo minor recouvrant un grand égout.

D) : A l'Ouest, des boutiques donnant sur une place et un grand mur de soutènement.

E) : Des entrepôts.

F) : A l'Est un grand édifice public : les thermes.

---

[1] Des publications présentent une partie des résultats :
.DESBAT, A. *Les fouilles de la rue des Farges - 1974-1980*. Groupe Lyonnais de Recherche en Archéologie Gallo-Romaine. Lyon, 1984.
Jadis rue des Farges, Archéologie d'un quartier de Lyon antique. Catalogue d'Exposition Groupe Lyonnais de Recherche en Archéologie Gallo-Romaine, Lyon 1985.
.DESBAT, A., LAROCHE, C. et MERIGOUX, E., "Notes préliminaires sur la céramique commune de la rue des Farges", *Figlina* 5 - 6, 1981-1982.
Dans la suite de l'ouvrage les références bibliographiques seront abrégées. Se reporter à la Bibliographie p.112.

[2] AUDIN 1979.

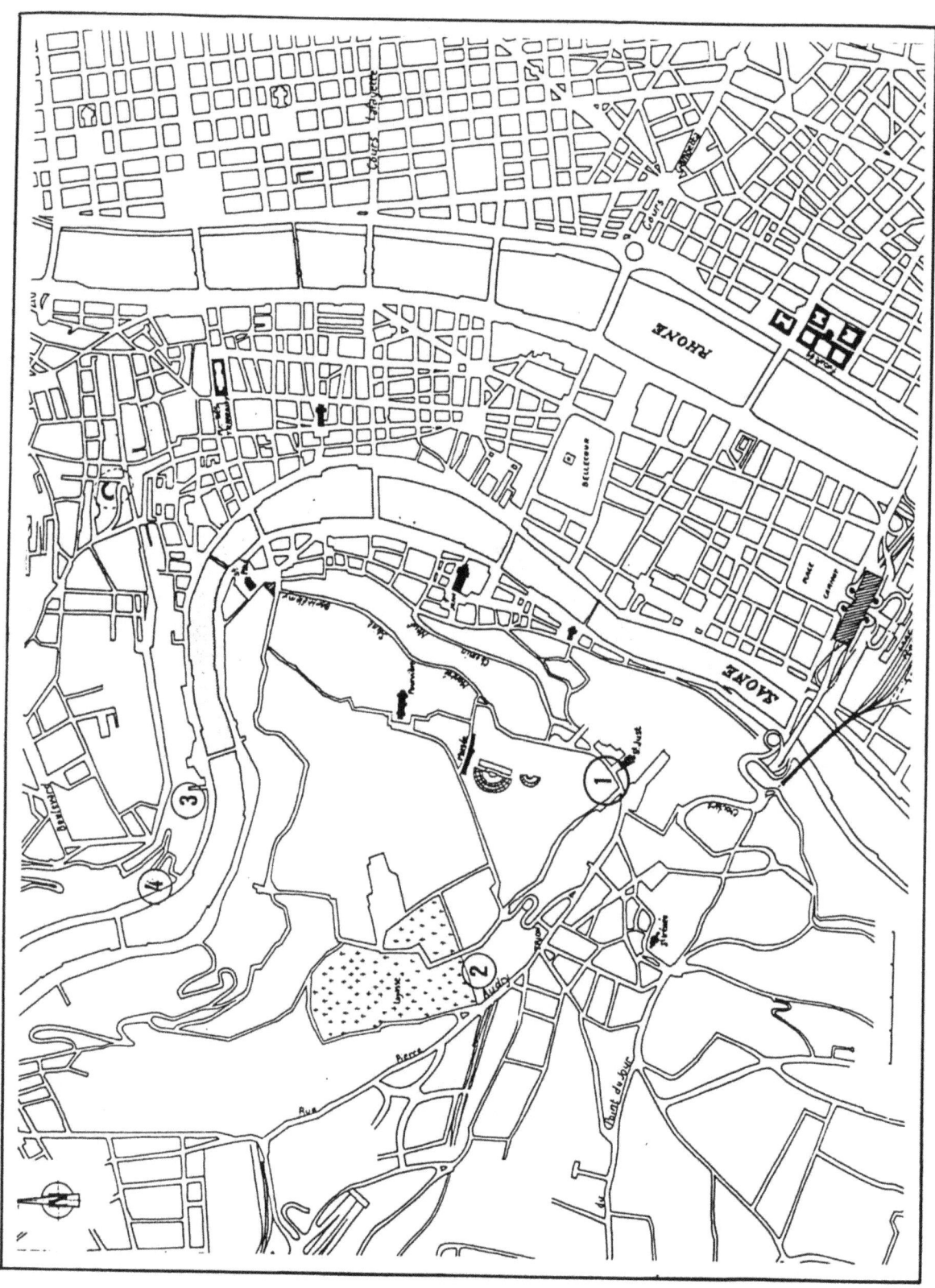

- Fig. 1 -

Situation de la rue des Farges et des lieux de production de parois fines dans Lyon
1. Rue des Farges
2. Atelier de Loyasse
3. Atelier de La Muette
4. Atelier de La Butte

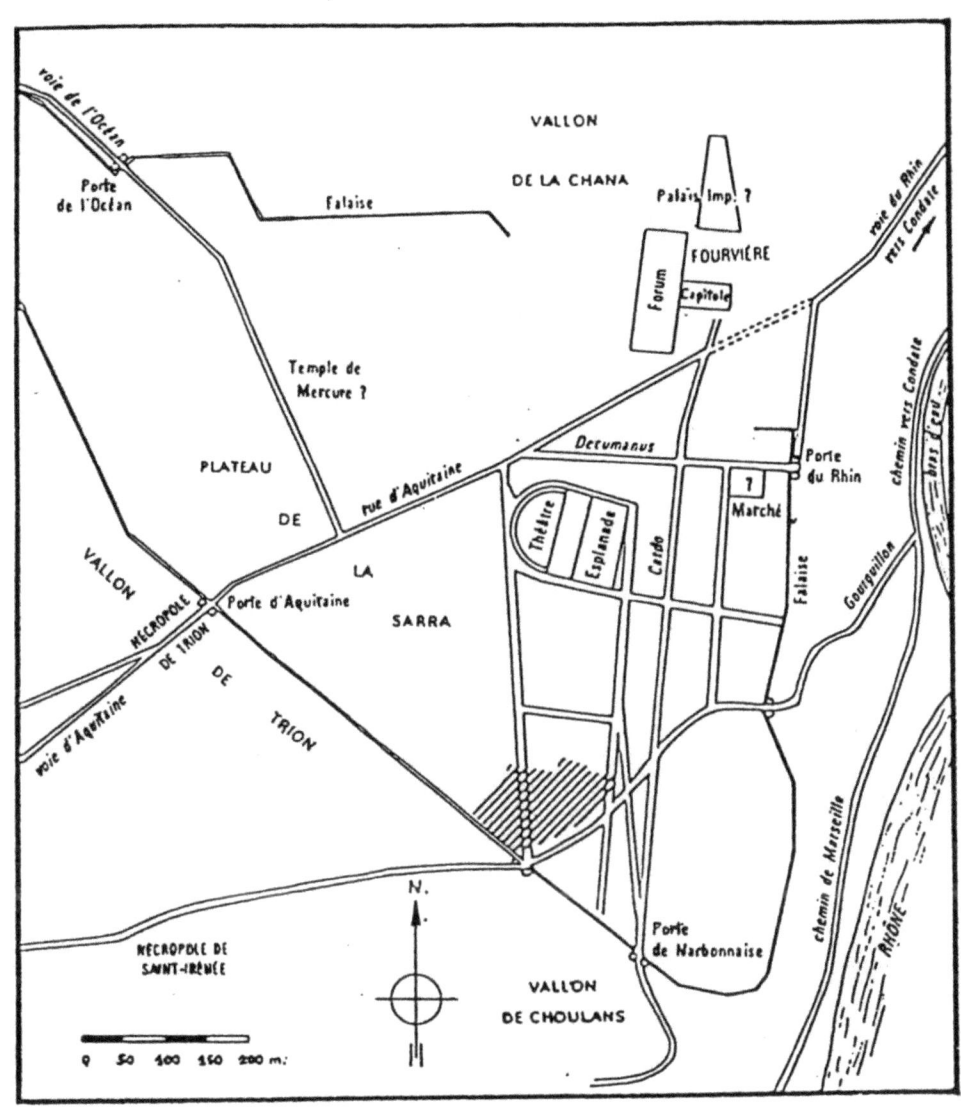

- Fig. 2 -

Situation des fouilles dans la ville Augustéenne (d'après AUDIN 1979)

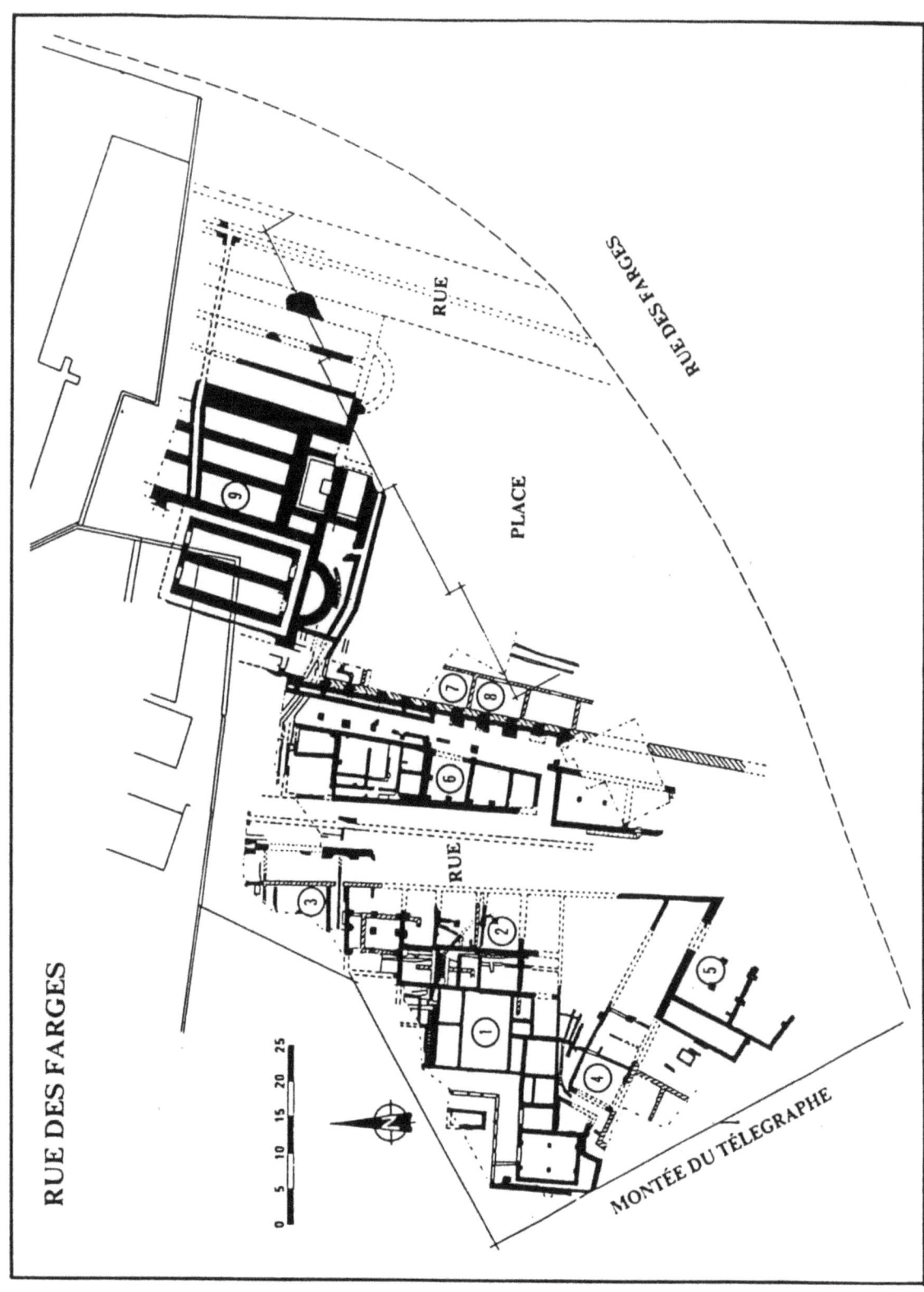

- Fig. 3 -

Plan général des fouilles :
1. "Maison aux masques"
2. Boutiques
3. Entrepôts (zoneB)
4. Maisons
5. Entrepôts (zone E)
6. "Maison au char" (zone A)
7. Mur de soutènement
8. Boutiques (zone D)
9. Thermes (zone F)

Trois états ont marqué l'évolution de ce quartier :

Etat I :

Cette première période est datée de 30 av. J.C. jusqu'en 20 ap. J.C.

Dès cette époque, la rue haute est installée et une maison occupe la terrasse supérieure avec des sols en terre battue, des murs en galets, des cloisons de terre recouvertes d'enduits peints. Des ateliers métallurgiques existent au sud de cette demeure.

La terrasse intermédiaire est vierge de toute construction et a, sans doute, servi de décharge.

La terrasse inférieure est formée d'une grande place bordée par des boutiques.

Etat II :

Datée des années 20 ap. J.C. à 100 ap. J.C..

Cette deuxième phase est marquée par d'importantes modifications qui intéressent les trois terrasses. Sur la terrasse supérieure, à la maison augustéenne fait suite une maison à péristyle, aux sols en terrazzo et murs en schiste, avec des boutiques à l'Est. Des sondages ont fait apparaître deux étapes : la première datée de 15/20 ap. J.C., la deuxième intervenant vers 40 ap. J.C.

La terrasse médiane est alors aménagée. Elle est occupée par deux ensembles séparés par un étroit passage.

Enfin, à cette époque correspond la construction du mur de soutènement et des thermes vers 50 ap. J.C.

Etat III :

Couvre le IIe siècle ap. J.C.

Peu de modifications interviennent. Le changement le plus important est la reconstruction des thermes et du mur de soutènement[3],[4].

---

[3] DESBAT 1984.

[4] Vers la fin du Ve et VIe siècle ap. J.C., l'esplanade au Sud des thermes a été utilisée comme nécropole.

Si ce quartier nous renseigne sur une petite partie de ce qu'a été la colonie romaine de Lyon et sur l'histoire de la ville antique[5], son intérêt réside aussi dans les témoignages qu'il nous livre sur la vie quotidienne.

La céramique, un de ces témoins, a bénéficié à Lyon de la découverte depuis 1965, de plusieurs ateliers de productions. Ces lieux de fabrication et les vestiges d'habitats nous apportent des informations complémentaires sur le contexte économique, les échanges ou rapport qui ont pu exister avec d'autres centres de la fin du Ier siècle av. J.C. jusqu'au début du IIe siècle ap. J.C.

Les ateliers mis à jours sont[6] :

A) Atelier de Loyasse[7] (Fig. 1 p. 2 et Fig. 4 p. 7).

En 1967, une fosse dépotoir d'atelier a permis de recueillir de la céramique avec : des imitations de campanienne, des imitations de sigillée lisse, des parois fines lisses et décorées, des glaçures plombifères, des lampes etc... Cet atelier est un atelier d'imitation des techniques arètines pour la sigillée et dont la période d'activité se situe entre 30 av. J.C. et 15 av. J.C.. Il était implanté sur la partie Est de la colline de Fourvière où l'argile est très abondante.

B) Atelier de la Muette[8] (Fig. 1 p. 2 et Fig. 4 p. 7).

Découvert en 1966 et daté de 15 av. J.C. à 20 ap. J.C. cet atelier était installé dans un secteur "industriel" important où, non seulement des potiers, mais aussi des bronziers et des verriers ont exercé leur activité. Localisés sur le quai de Serin, terrain compris entre la rive gauche de la Saône et la colline de la Croix-Rousse, ces centres ont utilisé des argiles alluviales et ont bénéficié de la présence de l'eau et de facilités d'expédition. LASFARGUES 1973 signale[9] "une certaine organisation affirmée, par exemple, par la séparation des différents types de productions".

---

[5] Absence dans ce secteur de témoins d'occupation celtique. Absence également sur ce site de vestiges attribuables à la colonie primitive fondée par Plancus en 43 av. J.C. Début de l'abandon de la colline de Fourvière dès le début du IIIe siècle ap. J.C.

[6] Pour leur implantation voir LASFARGUES 1973.
Aucun de ces ateliers n'a été publié de façon exhaustive. Seul l'atelier de la Muette a fait l'objet de recherches pour la sigillée lisse et les gobelets d'Aco.

[7] PELLETIER 1967 ; LASFARGUES

[8] LASFARGUES-VERTET 1968 ; LASFARGUES-VERTET 1970, LASFARGUES-VERTET 1976 a, LASFARGUES-VERTET 1976 b.

[9] LASFARGUES 1973, note I, p. 535.

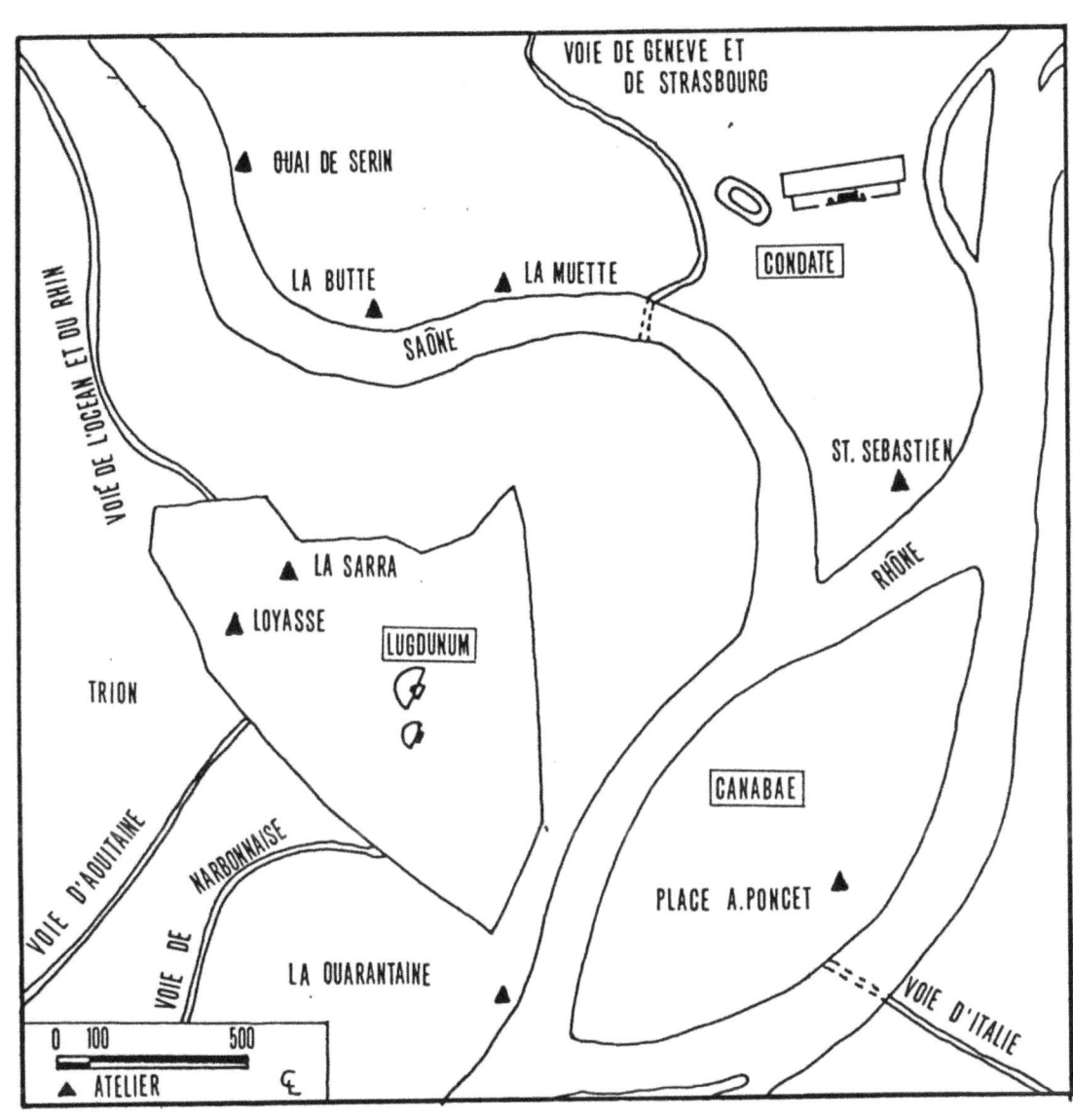

- **Fig. 4** -

Implantation des ateliers de potiers (d'après le plan proposé par LASFARGUES 1973)

Ces productions sont : de la sigillée lisse et décorée, des parois fines lisses et décorées et de la céramique à vernis rouge pompéien.

Il s'agit d'une succursale d'Arezzo[10] dont le matériel a été beaucoup exporté, notamment sur le limes germanique.

A la période flavienne un atelier produisant des cruches en commune claire s'installe dans le même secteur.

C) Atelier de la Sarra (Fig. 1 p. 2 et Fig. 4 p. 7).

Il a été révélé en 1968, sur le rebord du plateau de la Sarra, par deux fours et un dépotoir de fabrication contenant de la céramique sombre cuite en mode B. Cette production peut être datée des années 30/40 ap. J.C.

D) Ateliers de La Butte (Fig. 1 p. 2 et Fig. 4 p. 7).

En 1965, toujours dans le quartier du quai de Serin, des dépotoirs et des fragments de fours ont permis de noter que vers l'époque de Claude-Néron des potiers ont fabriqué des parois fines en pâte calcaire, à peu près toujours engobées, à décor de barbotine, et des lampes.

D'autres ateliers ont été localisés au XIXe siècle[11] Mais aucune recherche récente n'a complété ces informations.

---

10 LASFARGUES-PICON 1974 ; PICON-VICHY 1974.
11 STEYERT 1895.

INTRODUCTION

I - DEFINITION

Un vase à parois fines peut-être un bol, un gobelet, un pot lisse ou décoré dont l'épaisseur de la paroi se situe généralement entre 2 et 2,5 mm. (les extrêmes sont respectivement de 0,5 et 5 mm.). Cette paroi est engobée ou non.

Cette définition apparaît vague, imprécise, mais il est vrai, comme l'écrit MAYET 1975[12], que : "La céramique à parois fines est sans doute l'une des céramiques les plus difficiles à définir.", même si au cours de la fouille ces vases sont facilement identifiables.

La recherche entreprise ici, mettra en évidence certains caractères propres à ces productions, tout au moins dans les cadres chronologique et géographique exigés par le site étudié.

II - RECHERCHES ANTERIEURES

Les céramiques à parois fines se rencontrent sur la plupart des sites du monde romain. Mais ce n'est que depuis quelques années qu'une attention plus grande fut portée à ces productions.

- MARABINI MOEVS, M.T. , *The Roman thin walled pottery from Cosa*, (American Academy in Rome, Memoirs), Rome 1973, représente le premier ouvrage consacré uniquement aux parois fines. L'auteur propose une typologie, une chronologie et une évolution de ces céramiques à partir de la stratigraphie du site de Cosa (Italie). Ce premier travail de synthèse a donc été très utile, malgré les réserves émises dans MAYET 1975 et MOREL 1977[13].

- MAYET ,F., *Les parois fines de la péninsule ibérique*, Paris 1975. Cet ouvrage, est une étape fondamentale pour l'étude de ces céramiques. En effet, si le matériel provient des musées hispaniques, tout au long de ce travail il est fait référence aux productions italiques, sud-gauloises, lyonnaises et du Centre de la Gaule. La proposition de cartes de répartition est également un élément

---

[12] MAYET 1975, p. 3.
[13] MAYET 1975, P. 15.
MOREL, J.P., compte rendu du livre de MARABINI MOEVS, M.T., *The Roman thin walled pottery from Cosa*, (American Academy in Rome, Memoirs), Rome 1973 dans *Revue Archéologique*, fascicule I, (1977), p. 154 - 156.

nouveau pour de nombreux types de vases. Enfin, l'auteur a tenté une étude de production, ce qui n'était pas le cas dans le livre précédemment cité. Pour ces diverses raisons nous nous reporterons souvent à ce livre.

- SCHINDLER-KAUDELKA, V.E. , *Die Dünnwandige Gebrauchskeramik von Magdalensberg*, Klagenfurt, 1975. Cette publication qui, comme pour Cosa, porte sur du matériel trouvé en stratigraphie a été précieuse puisqu'une partie de ces vases présente des affinités typologiques et chronologiques avec ceux de la rue des Farges. Il faut noter cependant que les gobelets d'Aco ne sont pas signalés, en raison de leur décor moulé. Cependant ces gobelets sont intégrés dans une publication plus récente du même site : VETTERS-PICCOTTINI 1980.

- GREENE, K., *The pre-flavien fine wares. Report on the excavations at Usk. 1965 - 1973*, Cardiff, 1979. Une partie seulement de ce livre est consacrée aux parois fines[14], mais elle est importante au moins pour deux raisons : d'abord parce que l'auteur donne les différentes caractéristiques des productions du Centre de la Gaule, du Sud de la Gaule, de l'Italie, de l'Espagne, de Lyon, etc... Ensuite et surtout parce qu'un chapitre représente la seule recherche publiée sur les parois fines de l'atelier lyonnais de la Butte. Néanmoins, puisque le site étudié est daté de la période néronienne, les ateliers de Loyasse et de la Muette ne sont pas pris en compte.

- *Actes du Congrès de Toulouse. 9 - 11 Mai 1986*, Société Française d'Etude de la Céramique Antique en Gaule, Marseille 1986. Une partie des communications présentées au cours de ce Congrès portaient sur les céramiques à parois fines. Ce fut l'occasion de connaître les productions,probables, de parois fines d'Aoste (Isère) de la deuxième moitié du Ier siècle ap. J.C. grâce à la fouille d'un atelier ; celles, probables, d'un atelier de Gaule du Sud de Salleles d'Aude pour le début du Ier siècle ap. J.C. Mais aussi des productions d'Ibiza ou de Catalogne.

- En ce qui concerne les parois fines des ateliers lyonnais, les gobelets d'Aco surtout ont fait l'objet de plusieurs articles.:
LASFARGUES, J. et VERTET, H., "Les frises supérieures de gobelets d'Aco", *R.A.C.*, T. VI, (1967), p. 272-273.

---

[14] En effet "fine wares" signifie : céramiques fines. K. GREENE inclut donc la céramique plombifère, la Terra-Nigra par exemple. Les parois fines sont traduites par "thin walled".

LASFARGUES, J. et VERTET, H., "Observations sur les gobelets d'Aco de l'atelier de la Muette", *R.A.C.*, T. VII, (1968), p. 35-44.

LASFARGUES, J. et VERTET, H., "Les gobelets à parois fines de la Muette", *R.A.C.*, T. XXI, (1970), p. 222-224.

En complément de ces études des recherches plus générales ont été publiées, comme VEGAS, *Ceramica comun romana del mediterraneo occidental*, (Publicaciones eventuales n° 22), Barcelone, 1973[15-16].

III -METHODOLOGIE

Cette recherche a porté sur une étude exhaustive des céramiques à parois fines de la rue des Farges.

L'établissement des cadres chronologiques a été fait à partir des riches contextes datés par la sigillée et par les monnaies[17]. Les diagrammes A à F p. 124 à p. 126 représentent la répartition des pourcentages des différentes catégories de céramiques dans les strates les plus significatives quantitativement et chonologiquement.

Il était intéressant de déterminer la fréquence des formes. C'est donc la méthode du "nombre réel de vases" qui fût employée. Elle permet d'identifier les formes par leurs éléments les plus représentatifs : lèvre, fond, anse et carène également, étant donné la faible hauteur de ces vases[18].

Le calcul des pourcentages de parois fines représentées par les diagrammes G à Q p. 128 à p. 133 , a été établi a partir de contextes où le matériel était conséquent (remblais, dépotoir), ou en regroupant des couches de même

---

[15] Essentiellement p. 57 à 88.

[16] Une bibliographie très complète est donnée dans MAYET 1975, p. 173-178.

[17] L'étude du matériel céramique précoce et la datation des premiers contextes de la rue des Farges à Lyon ont été présentées dans DESBAT "1986".

[18] PEACOCK 1977 - GREENE 1979 p. 35.
Pour les parois fines le décor peut-être un critère de sélection, dans la mesure où certains décors ne peuvent être attribués qu'à un vase (en tenant compte aussi de l'aspect de la pâte ou de l'engobe par exemple).
Il est possible cependant d'identifier un vase sans que l'on soit en présence d'un des critères définis ci-dessus. Ainsi, il a été assimilé à une forme, un fragment de panse en pâte non calcaire alors que le reste du matériel (en parois fines) de la couche était en pâte calcaire.
L'inconvénient de cette méthode est de compter deux fois le même vase; mais cela est peu probable.
Il faut toutefois remarquer que ce type de quantification a été possible car il concernait une même catégorie de céramique.

datation. Malgré cela, certains pourcentages pourront paraître excessifs, ce qui s'explique par un nombre total de formes trop faible dans le niveau considéré et ne signifie par forcément une production plus élevée. Le cas sera signalé.

Le récapitulatif des niveaux pris en compte pour les pourcentages est regroupé p. 122 . La concordance des parois fines dessinées et leurs repères stratigraphiques sont donnés p. 134 à p. 138.

Cette étude se voulant exhaustive, certains types qui n'apparaissaient pas dans les couches prises en compte pour le calcul des pourcentages ont quand même été étudiés. Ainsi ils seront présentés dans la discussion typologique mais aussi dans le tableau récapitulatif (p. 187) présenté en fin d'ouvrage.

Il ne nous a pas été possible de faire des analyses. Pour cette raison les mêmes formes produites par les ateliers de Loyasse et de la Muette[19] seront traitées conjointement dans le corpus et donc non différenciées sur le tableau récapitulatif[20] (p. 187).

Nous avons donc souhaité présenter le matériel dans un cadre chronologique calqué sur les deux grandes périodes de production de parois fines des ateliers lyonnais telles qu'elles apparaissent dans la fouille de la rue des Farges. A l'intérieur de ces deux chapitres seront différenciées les productions lyonnaises attestées, les productions lyonnaises supposées, les importations et ce que nous appellerons les divers, formes ou tessons ayant posé des difficultés d'interprétation quant à la provenance ou à l'identification du type (seule une description en sera donnée).

---

[19] Ces deux ateliers ont utilisé des pâtes non calcaire pour les parois fines, mais de compositions différentes. PICON 1974, p. 17.
[20] Ces formes sont regroupées dans le haut du tableau p.187.

A) TERMINOLOGIE

1) Toute étude de céramique nécessite une description morphologique des vases. Comme chaque type est accompagné d'un dessin (parfois d'une photo) ; il n'était donc pas utile de la développer.

a = diamètre du bord = Ø B
b = diamètre de la panse = Ø P
c = diamètre du fond = H

d = hauteur du vase = H
e = épaisseur de la paroi = e

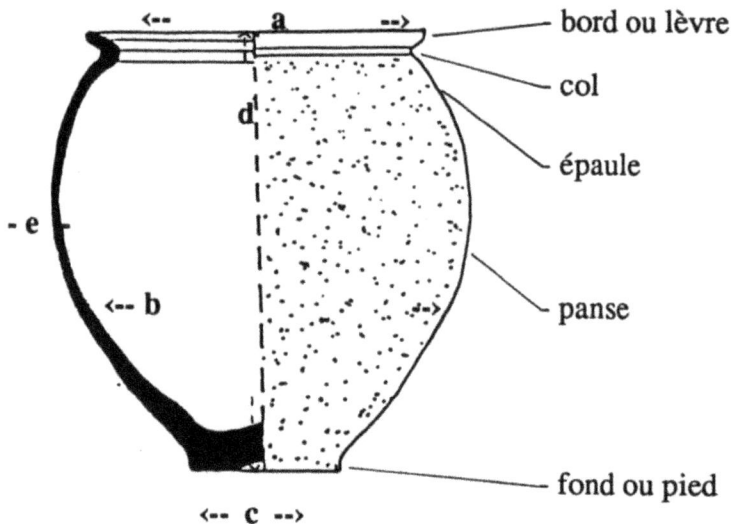

Chaque dessin présente de part et d'autre de son axe médian :
- un profil
- une vue de la surface

Les décors à la barbotine sont identifiables sur le dessin car les motifs sont représentés détachés du vase, du côté du profil.

2) DENOMINATION DES FORMES.

- pot : récipient fermé dont le diamètre du bord est inférieur à la hauteur et au diamètre de la panse.

- gobelet : récipient ouvert dont le diamètre du bord est inférieur à la hauteur, mais sensiblement égale au diamètre de la panse.

- bol : récipient ouvert dont le diamètre du bord est supérieur à la hauteur et sensiblement égale à celui de la panse.

- tasse : se différencie du bol par la présence, sur la panse, d'une carène plus ou moins prononcée.

3) PRESENTATION DES TYPES.

Chaque type sera présenté selon le modèle suivant :

- *définition*
- *pâte* : teinte
  aspect
  type d'argile (si cela est possible)
- *engobe*
- *décor*
- *dimensions*
- *contexte* (lorsque le type est représenté par un seul exemplaire)
- *références bibliographiques* (les abréviations sont celles répertoriées p.113 à p.119)
- *discussion*[21]

B) RAPPELS TECHNIQUES.

1) LA COULEUR DES PATES céramiques est le résultat :
   - de la composition de l'argile
   - du mode de cuisson

L'argile peut être calcaire avec au moins 7 à 8 % de CaO, ou non calcaire avec moins de 5 % de CaO[22].

Elles se distinguent par les teintes prises à la cuisson[23] et en particulier lorsqu'elle a lieu dans un four où existe une cuisson, au sens strict, réductrice et une post cuisson (qui correspond au refroidissement) de type oxydant. Cette succession d'atmosphères, réductrice puis oxydante, caractérise la cuisson en mode A définit par PICON 1973[24]. Les deux tableaux suivants résument l'évolution de la couleur prise par chaque type d'argile, en fonction de l'élévation de la température et au cours d'une cuisson en mode A[25].

---

[21] Les sites mentionnés sont localisés sur la carte p. 120. Les auteurs mentionnés dans la dicussion sont ceux nommés dans les références bibliographiques correspondantes.

[22] Les constituants principaux sont : K, Mg, Ca, Fe, Mn, Al, Si, Ti.

[23] Teintes qui sont dues aux transformations des oxydes de fer.

[24] PICON 1973 , p. 62.

[25] Si le pourcentage des oxydes de fer est faible, ces teintes seront différentes.

Argile calcaire

peu cuite	cuite	très cuite	fusion
rouge / orange	orange / beige	beige / vert	vert

Argile non calcaire

peu cuite	cuite	très cuite	fusion
rouge / orange	rouge	brun / rouge	noir[26]

2/ L'ENGOBE est un vernis argileux non grésé, semble-t-il en argile non calcaire[27]. Ainsi sur une pâte calcaire très cuite, donc de teinte verdâtre, l'engobe sera, marron-brun.

Notons que parfois l'engobe présente des reflets brillants souvent argentés, ceci peut-être dû aux conditions de préparation comme à celles de conservation, ce problème n'est pas encore résolu.

3) DÉCOR : Plusieurs techniques décoratives ont été employées[28] :

- sablage : application d'une couche de sable sur le vase lorsque la pâte est encore tendre. L'excédent est souvent enlevé au pinceau, ce qui laisse alors des traces.

- barbotine : argile liquide contenant de 45 à 55 % d'eau. Cette argile est posée sur le vase sous différentes formes (p. 18, Fig.5, n° 2 à 11 et 14).

- chamotte : argile broyée, qui dans le cas du décor remplace le sablage.

---

[26] Les argiles non calcaire très cuites présentent à l'atelier de La Muette une pâte pratiquement grésée. Le grésage étant le résultat d'une vitrification de l'argile à haute température, ce qui la rend imperméable. Il existe donc une imperméabilisation dans la masse.

[27] Renseignement communiqué par M. PICON.

[28] Pour les motifs voir la liste Fig. 5 p. 18.

- décors imprimés en creux :
    * dépression : pression réalisée sur le corps du vase à l'aide sans doute de la main ou du pouce créant une zone déprimée se répétant autour du vase et laissant des zones en "relief".
    * estampage : réalisé à l'aide d'un poinçon qui se répète.
    * strie : exécutée sans doute sur le tour avec un instrument ayant une extrémité aiguë.
    * guillochis : courtes incisions parallèles à l'axe du vase, obtenues à la roulette ou à la lame vibrante, le vase étant en mouvement sur le tour.

- moulé : relief imprimé au moule.

(motif)	1	SABLAGE
(motif)	2	EPINE
(motif)	3	CREPIS
(motif)	4	ECAILLE
(motif)	5	PASTILLE CLOUTEE
(motif)	6	ECAILLE ET PASTILLE CLOUTEE
(motif)	7	FEUILLE D'EAU
(motif)	8	EPINGLE
(motif)	9	MAMELONS
(motif)	10	PICOT
(motif)	11	DECOR CLOUTE
(motif)	12	DEPRESSION
(motif)	13	GUILLOCHIS
(motif)	14	BANDE INCISEE
(motif)	15	BANDE ESTAMPEE
(motif)	16	DECOR STRIE
(motif)	17	DECOR PEIGNE
(motif)	18	DECOR MOULE

-Fig 5 -
Répertoire des motifs décoratifs

Première Partie

LES PAROIS FINES AUGUSTEENNES

CHAPITRE PREMIER

PRODUCTIONS ATTESTEES DE L'ATELIER DE LOYASSE ET DE L'ATELIER DE LA MUETTE
(Catalogue p. 140 à 148)

Pour des raisons déjà précisées (p. 13 et note 19), les productions de ces ateliers ne seront pas différenciées. Mais si certains critères autorisent une attribution plus précise, cela sera signalé.

Les pourcentages sont repris dans les diagrammes G à Q (p. 127 à p. 133), les dessins p. 140 à p. 156, complétés pour certains par une photo (p. 188 à p. 190 et p. 193 et 197.

Les sites mentionnés sont placés sur la carte p. 120.

La numérotation des vases sera continue, la correspondance des numéros dans le catalogue et la stratigraphie est donnée p. 134 à 138.

Type I

Définition : Gobelet ovoïde, à lèvre en bandeau plus ou moins épaisse, le fond est plat ou légèrement concave. La lèvre peut être marquée par une ou plusieurs stries. Parfois appelé gobelet "tonneau"[29]. (n° 1 à 36 p. 140 à 144, et p. 188).

Type I a : bord droit en bandeau   n° 1 à 17
Type I b : bord incliné vers l'extérieur en bandeau   n° 18 à 23
Type I c : bord concave en bandeau   n° 24 à 29

TYPE I a :

Pâte : Teinte beige orangé, marron ou grise, dure, fine avec quelques petits grains de quartz visibles. De rares fragments ont une pâte grossière. Non calcaire.

Surface : Aspect rugueux.

Dimensions :

H = 9 ou 10 cm
e.B = 3 mm
e.P = 1,5 à 2 mm
e.F = 1 à 3 mm.

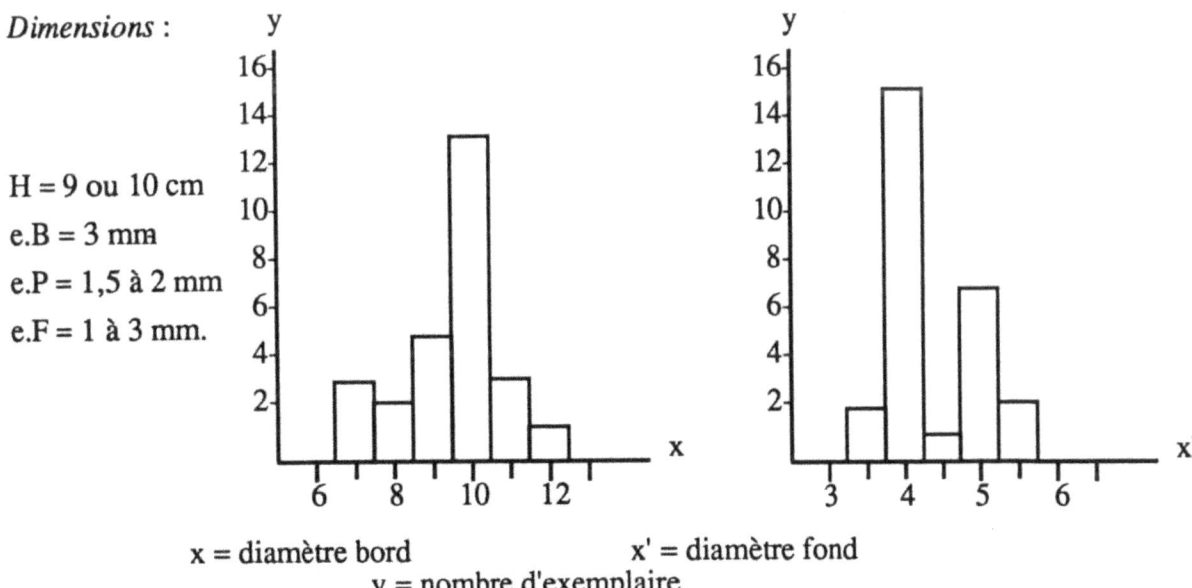

x = diamètre bord   x' = diamètre fond
y = nombre d'exemplaire
(dimensions en cm)

---

[29] Un seul exemplaire (n° 17 p. 142) présente deux stries peu profondes sur le haut de la panse.

Références bibliographiques

BEN REDJEB 1978 : p. 123, n° 79 à 85
HAGEN 1912 : Tf. 50, n° 4.
LASFARGUES - VERTET 1972 : p. 223, fig. I.
LOESCHCKE 1942 : Tf. 27, type 20.
LOESCHCKE 1909 : Tf. XI, type 41b.
MARABINI MOEVS 1973 : Forme XXXV, pl 17, n° 173 et 174.
MAYET 1975 : Pl X, Forme V.
SCHINDLER-KAUDELKA 1975 : Tf. 6, type 27.
SCHONBERGER et SIMON 1976 : Tf. 33, type 20.
ULBERT 1965 : Tf. 14, 5 et 6.
VEGAS et BRUCKNER 1975 : Tf. I, n° 14, 16, 20, 21.
VEGAS 1973 : type 26, n° 3, p. 70.

Cette forme est typiquement augustéenne et présente sur de très nombreux sites de l'Empire Romain. Notamment dans les camps du limes germanique, ce qui ne surprend pas puisqu'ils ont été approvisionnés par l'atelier de la Muette où ce type, avec le type V, représente 75% de la production de parois fines[30].
La datation assez large (troisième quart du Ier siècle av. J.C. jusqu'au début du règne de Tibère) proposée par MARABINI MOEVS 1973, n'est pas contredite par celle que suggère le matériel de la rue des Farges. En effet, dès les premiers niveaux cette forme existe et offre le pourcentage le plus élevé de parois fines (diagrammes G et H, p. 130 n°1, 39%).ce qui sera le cas jusqu'au début de notre ère, période à partir de laquelle elle est moins fréquente (diagramme J p. 130 n° 1, 4,8%).Ces remarques autorisent à penser que les ateliers de Loyasse et de La Muette ont fabriqué ce vase, que son commerce local est tout aussi important que celui représenté par les exportations, enfin que sa production s'arrête vers 15 / 20 ap. J.C. à Lyon[31].

---

[30] LASFARGUES et VERTET 1970, p. 223.
[31] Les 12 % du diagramme K p. 131, contexte 20 / 30 ap. J.C., ne sont pas, représentatifs étant donné le nombre trop faible de forme de ces niveaux. Il s'agit sans doute de fragments résiduels.

TYPE I b :

Pâte : Teinte brun clair à marron, dure, fine, quelques grains de quartz sont visibles, non calcaire.

Surface : D'aspect généralement rugueux.

Dimensions : Aucun profil entier n'a pu être reconstitué.
   Ø B = 8 à 10 cm
   e.B et e.P = 1 à 2 mm.

Références bibliographiques :

FINGERLIN 1970-1971 : Abb 6, n° 1, p. 219.
SCHONBERGER 1976 : Tf. 17, n° 295 et 298.
ULBERT 1965 : Tf. 14, n° 1, 2, 3.
VEGAS et BRUCKNER 1975 : Tf. 1, n° 19.

Les contextes, des sites mentionnés où furent trouvés ces vases, sont augustéens. Il en est de même rue des Farges. Cette variante est assez rare. Mais nous avons pu noter, cependant, que les fragments ont tous été trouvés dans les premiers contextes de la rue des Farges dont la datation se situe entre 20 av. J.C.et O.

TYPE I c :

Pâte : Teinte beige orangé à marron, dure, fine, parfois quelques petits grains de quartz sont visibles, non calcaire.

Surfaces : Celles ci ont généralement un aspect rugueux.

Dimensions : Aucun exemplaire ne présentait un profil entier.
   Ø B = 7 à 10 cm
   e.B et e.P = 1,5 à 2 mm.

Références bibliographiques :

FELLMAN 1955 : Tf. 2, n° 11.
FINGERLIN 1986 : fosse 42 ou 176 par exemple.
LABROUSSE 1948 : p. 72 - 84, fig. 34, p. 84.
MARABINI-MOEVS 1973 : Forme IV.
MARECHAL et MAYET 1980 : pl. II , n° 17 et 18.
MAYET 1980 : Forme 3, p. 224.
SCHINDLER-KAUDELKA 1975 : Tf. 6, type 26.
SCHONBERGER et SIMON 1976 : Tf. 33, n° 17.
VEGAS 1973 : type 24, n° 2, p. 64.
VEGAS et BRUCKNER 1975 : Tf. 1, n° 17.

Ce type de gobelet à bord concave est considéré comme une forme républicaine[32], et plus précisément, selon MARABINI-MOEVS 1973, la forme la plus populaire à la fin de la république. Ces auteurs pensent que ces vases sont le fait non seulement d'ateliers italiques mais aussi d'ateliers du Sud de la Gaule. Pour ces derniers il s'agirait de productions d'appoint.

Les contextes des sites de Cosa, du Magdalensberg, de Gergovie qui ont fourni de tels vases et l'absence de ceux ci dans les fouilles du Lorensberg, d'Oberaden ou d'Haltern laissent à penser que cette production s'arrêterait un peu avant 15 av. J.C. De plus on note que l'atelier de la Muette a approvisionné les camps du limes germanique[33].

Typologiquement cette variante proche du type VII (p. 37)[34] serait à attribuer à l'atelier le plus précoce, atelier de Loyasse. Mais il nous faut signaler que ces fragments ont été trouvés rue des Farges dans des contextes chronologiques allant de 15 à 0 av. J.C. Ce matériel ne peut être que résiduel. Il est donc probable que cette variante appartienne aux productions de l'atelier de la Muette au début de son activité, reprise probablement des productions de l'atelier de Loyasse. Néanmoins, cette variante n'est restée qu'une production d'appoint et certainement peu diffusée.

---

[32] MAYET 1980, p. 203.
[33] LASFARGUES et VERTET 1970. Camps dans lesquels, sauf à Rödgen, cette variante n'est pas représentée.
[34] Les bords concaves du type I c sont beaucoup moins incurvés que ceux du type VII. p. 37.

Nous avons donc associé les trois variantes I a, I b et I c dans le même type I. Les deux dernières, présentes en faible quantité rue des Farges, possédant les mêmes caractéristiques techniques, sont certainement fabriquées dans un laps de temps très court.

Leur localisation stratigraphique nous font pencher pour une production des deux ateliers.

Type II

Définition : Gobelet cylindrique à bord droit. La panse rectiligne se rattache au fond par une carène prononcée, marquée par des stries. Le fond est mouluré, en général deux nervures à deux niveaux différents (rarement trois ou quatre nervures) (n° 37 à 47 p. 145[35]. et p. 189).

Pâte : Teinte orange, brique ou marron, fine, dure, non calcaire.

Surface : Comme pour le type IV, la surface externe est lisse.

Dimensions : Aucun profil entier n'a pu être reconstitué.
      Ø B = 7 ou 8 cm
      Ø F = 5 ou 6 cm
      e.B, e.P et e.F = 2 mm.

Références bibliographiques :

BEN REDJEB 1978 : n° 86 et 87, p.   .
FELLMAN 1955 : Tf. 4, n° 9.
FIORI-JONCHERAY 1975 : p. 64, pl. II, type A.
HAGEN 1912 : Tf. L II, n° 5.
LASFARGUES et VERTET 1968 : p. 223, n° 4.
MARABINI-MOEVS 1973 : forme XXXIII.
MAYET 1975 : FORME XII, pl. XXII, n° 165.
SCHINDLER-KAUDELKA 1975 : Tf. 9, type 43.
SCHONBERGER et SIMON 1976 : Tf. 33, type 24.
VEGAS 1973 : Type 29, fig. 24.
VEGAS 1968 : p. 13 - 55, Abb. 10, n° 83.
VEGAS et BRUCKNER 1975 : Tf. 2, n° 14 à 16.

---

[35] Une erreur de numérotation nous a obligé à créer un n° 45 bis, qu'il ne faut pas interpréter comme un vase identique au n° 45, p. 145.

Cette forme a eu une grande diffusion, car une telle céramique est également relevée par MAYET 1975[36] en Espagne et dans les Baléares. Dans ces régions, elle est datée de l'époque augustéenne[37].

Mais si les trouvailles sont nombreuses, les centres de production ne sont pas connus, sauf l'atelier de la Muette. Des ateliers plus méridionaux ont dû approvisionner les sites ibériques ou le Magdalensberg par exemple. Un autre centre plus oriental doit exister puisque l'épave de la Tradellière, d'après les auteurs, serait venue "du bassin oriental de la Méditerranée, Grèce pour les amphores et plus au Sud pour le reste du matériel". La datation du chargement ne modifie pas la chronologie proposée pour cette forme.

Les fragments provenant de la rue des Farges peuvent apporter un élément nouveau. Car dès l'installation du site, le pourcentage représenté par ce type est assez important (diagramme G, p. 130, n° 2, 13%). L'hypothèse d'une fabrication de l'atelier de Loyasse n'est pas exclue, d'autant que dans le rapport de PELLETIER 1967 de nombreux fragments sont signalés[38].

LASFARGUES et VERTET précisent qu'à l'atelier de La Muette cette production[39] n'est pas très importante. La présence de fragments dans les premiers niveaux de la rue des Farges, le pourcentage important dans les contextes datés entre 20 av. J.C. et 10 av. J.C., la diminution vers 15 ap. J.C.[40] et l'absence après 20 ap. J.C. nous suggère une production de l'atelier de Loyasse[41], reprise par l'atelier de La Muette mais s'arrêtant vers 15 ap. J.C.[42].

---

[36] MAYET 1975 : p. 133.

[37] PELLETIER 1976 : pl.. U, n° 2 et 3.

[38] PELLETIER 1976 : pl.. U, n° 2 et 3.

[39] LASFARGUES et VERTET 1970 : p. 224.

[40] L'absence du type III sur le diagramme I, p. 130, est certainement dû au petit nombre de formes.

[41] Confirmé par DESBAT.

[42] Un fragment guilloché, daté de 15 / 10 av. J.C. pourrait se rapporter à cette forme. VEGAS 1973, p. 74, signale de tel décor. Mais, sans analyse, rien ne permet de dire que ce tesson est d'origine lyonnaise. Au Verbe Incarné (Lyon) ce type a été trouvé en pâte grise et recouvert d'un engobe noir, dans un contexte augustéen. Le n° 47, p. 145 est unique.

Type III

Définition : Vase conique dont la lèvre est marquée par une strie peu profonde. A partir de 2 ou 2,5 cm du bord, la panse porte un décor moulé. Le fond est plat, parfois souligné par une très fine strie.
Ces vases sont caractérisés par la signature du potier, intégrée au décor. Généralement appelé "gobelet d'Aco". (n° 48 à 58, p. 146 et p.189).

Pâte : Orangé ou marron clair, fine, parfois des grains très petits de mica et quartz, dure, non calcaire.

Décor Le motif le plus fréquent est le picot, il est délimité dans la zone supérieure par une frise végétale. Les parties réservées dans le bas de la panse peuvent contenir des motifs végétaux, n° 54 p. 146.

Dimensions : Aucun vase entier n'a pu être reconstitué :

$\emptyset$ B = 6 cm   e B = 3 mm
$\emptyset$ F = 4 cm   e P = 1 à 2 mm
                  e F = 1 mm

La hauteur peut être estimée à 9 cm environ[43].

Références bibliographiques :

DECHELETTE 1904.: Ch. II.
DESBAT 1985 : Fig. 1, p. 11.
FELLMAN 1955 : Tf. 5, n° 6 ; Tf. 18, n° 4.
FINGERLIN 1970-1971 : Tf. 15.
FINGERLIN 1986.: Tf. 21, p. 489, sq.
HAGEN :1912 :Tf. LIV, n° 4 à 7.
LASFARGUES et VERTET 1972 : p. 275 - 277.[44]

---

[43] LASFARGUES et VERTET : 1968.
[44] La forme basse signalée p. 275 n'a pas été identifiée rue des Farges.

LASFARGUES et VERTET 1967.
LASFARGUES et VERTET 1968.
LOESCHCKE 1942 : Tf. 28, type 34.
MARECHAL et MAYET 1980 : pl. XI, n° 1.
SCHONBERGER et SIMON 1976 : Tf. 33, type 18.
STERICO 1963-64 : p. 51.
ULBERT 1965 : Tf. II, n° 9, 12, 13.
VEGAS 1969-1970 : p. 107 à 124.
VEGAS 1973 : Fig. 22, type 25A, p. 69.
VEGAS et BRUCKNER 1975 : Tf. 3, 4 et 5.
VETTERS et PICCOTTINI 1980 : Fig. 14, p. 211[45].

Ces gobelets correspondent à une production particulière en raison de leur décor moulé.

Depuis l'étude de DECHELETTE 1904 ces vases ont "pignon sur rue", mais aucune synthèse n'a encore été faite. ces gobelets sont, en effet, très riches d'informations, que ce soit par leur décor ou la signature intégrée à celui-ci. Produits, semble t-il, à l'origine en Italie du Nord et par la suite en Gaule, peu d'ateliers sont connus à ce jour : l'atelier de Cremona et les ateliers de Loyasse et de La Muette à Lyon.

Les signatures relevées dans ces centres sont :

- Cremona : L. NORBANI
- La Muette: HILARUS ACO[46]
- CHRYSIPPUS
- T.C.AVIUS
- PHILARCUR
- PHILOCRATES
- FIDELIS[47]

Les poinçons utilisés par les deux ateliers lyonnais sont parfois différents. Ainsi les vases n° 48 et 49 sont des productions de Loyasse et ces motifs ne se retrouveront pas sur les gobelets de La Muette d'où proviennent les fragments n° 50, 51 et 53 à 58.

---

[45] VETTERS et PICCOTTINI 1980.

[46] Aco : nom d'origine gauloise.

[47] L'étude réalisée par VEGAS 1969-70 et la carte de répartition établie p. 124, montre que bien d'autres noms existent et par conséquent d'autres centres de productions qui restent à localiser.

La signature du vase n° 58 est certainement celle d'HILARUS ACO, celle du n° 55 doit sans doute se lire : T.C.AVIUS. La présence de profil masculin est fréquente de part et d'autre de la signature.

Un des critères d'identification des gobelets d'Aco de La Muette était le graphisme du A fait d'un triangle avec trois creux, mais le matériel[48] trouvé à Saint-Romain-en-Gal présente la même caractéristique pour certains vases d'HILARUS ACO.

Contrairement à ce que pourrait laisser penser la localisation de deux centres de productions à Lyon, la quantité de fragments, sinon de vases, de gobelets d'Aco parmi le matériel de la rue des Farges est faible. Les diagrammes G à K (p. 130, n° 3) confirment la datation augustéenne de cette forme, mais font apparaître une diminution des pourcentages vers 0 / 10 ap. J.C.

A part les dessins de la p. 146, tous les tessons étaient des fragments de panse où seul figurait le semi de picots, il n'était donc pas possible, sans analyse de faire une étude statistique entre les productions de l'atelier de Loyasse et de celui de la Muette[49].

Trop de questions se posent encore au sujet de ces vases : origine des motifs décoratifs[50], surtout des représentations figurées, diffusion réelle de cette production, origine des potiers, c'est à dire de ceux considérés généralement comme des esclaves d'Aco. La publication du matériel des ateliers de Loyasse, de La Muette et de Saint-Romain-en-Gal, tous des centres urbains dont une partie des productions semble contemporaine, devrait apporter de nombreuses réponses[51].

---

[48] La découverte récente d'un atelier de gobelets d'Aco à Saint-Romain -en-Gal, modifiera sans doute bien des conclusions. Ces vases sont intéressants ppuisqu'une partie porte des poinçons identiques à ceux de La Muette et qu'une ou deux signatures relevées sont écrites en alphabet grec. Datation probable 30 / 20 av. J.C.. DESBAT 1985.

[49] Analyse bien souvent délicate ou même impossible pour des fragments de parois fines qui sont habituellement très petits.
Le n° 52, p. 146, porte un poinçon non répertorié à Lyon, cependant la pâte présente un aspect identique aux autres tessons de gobelets d'Aco. Malheureusement, aucun parallèle n'a pu être reconnu parmi les publications étudiées.

[50] Les rapports faits, par VEGAS, entre le décor d'épine (à la barbotine) sur les gobelets italiques de la deuxième moitié du Ier siècle av. J.C., (un gobelet de ce type portant la signature "ACO" au milieu d'un semi de picots fait à la barbotine (trouvé à Gergovie) et la technique de moulage utilisée pour la céramique sigillée, représentent une des approches possibles de cette question. VEGAS 1973, p. 69.

[51] Une telle étude est actuellement en cours dans le cadre d'un programme de recherches sur les ateliers antiques de la moyenne vallée du Rhône, coordonné par le laboratoire de Céramologie de Lyon.

Type IV

Définition : Gobelet tronconique à panse oblique, à fond le plus souvent concave, à bord droit ou présentant un léger bourrelet interne. La panse porte, à peu près à mi-hauteur, une strie peu profonde. n° 59 à 63, p.147[52-53].

Pâte : Orangé, fine (seul le n° 63 a une pâte plus grossière avec des grains de quartz visibles), non calcaire.

Surface : Celle ci est généralement lisse.

Engobe : Un seul exemplaire était recouvert d'un engobe externe rouge non grésé. (datation 10 av. J.C. / 0).

Dimensions : Aucun vase entier n'a pu être reconstitué.

Ø B = 7 ou 8 cm
Ø F = 5 cm
e.B et e.F = 1 et 2 mm.

Références bibliographiques :

FINGERLIN 1970-1971 : Abb. 6, n° 2, p. 219.
HAGEN 1912 : pl. 1, type 2.
LASFARGUES et VERTET 1970 : n° 3, p. 223.
LOESCHCKE 1942 : Tf. 28, type 37.
MARABINI MOEVS 1973 : Forme XII.
SCHONBERGER et SIMON 1976 : Tf. 33, type 22.
VEGAS 1973 : type 28, p. 70.

---

52 LASFARGUES et VERTET 1970, p. 224.
Il existe parfois, à la place du sillon, un double décrochement. Aucun exemplaire de cette forme n'a été identifié rue des Farges.

53 Ce type est difficile à reconnaître lorsqu'il ne reste qu'un fragment du bord. Par contre le départ de la panse, vers le fond, est très caractéristique. n° 63, p. 147

Cette forme semble être fort répandue[54]. Elle apparaît tôt puisqu'un fragment de Cosa est daté du troisième quart du Ier siècle av. J.C.. Toutefois, elle est plus fréquente sur les sites de datation augustéenne, et il est possible, comme le pense MARABINI MOEVS 1973[55] et comme le laisse supposer la carte de MAYET, que plusieurs centres de production aient existé[56].

Au regard de ces remarques le matériel trouvé rue des Farges offre quelques difficultés. En effet, les premiers niveaux où ces vases apparaissent sont datés de 15 av. J.C. ce qui correspond tout à fait au début d'activité de l'atelier de La Muette, où ce type est attesté. Mais il est symptomatique qu'aucun fragment n'ait été trouvé dans des couches plus précoces. On peut se demander si cette absence est due à un problème d'identification ou si réellement l'atelier de Loyasse n'a pas produit cette forme. Ceci serait étonnant puisqu'il s'agit d'un atelier d'imitation[57], et que certaines formes produites par La Muette existaient déjà à Loyasse. Malgré cela il est intéressant de noter qu'après 10 ap. J.C. cette fabrication paraît s'arrêter (diagrammes G à I p. 130, n° 4).

Il convient de signaler qu'aucune anse, possédant les mêmes caractéristiques techniques que ces vases n'a été trouvée et que pas un seul fond mouluré n'a pu être attribué à ce type. Aucun tesson, identifiable à la forme XIII de MAYET 1975[58], ne provient de la rue des Farges, si ce n'est un petit fragment de panse avec un départ d'anse à peine visible, qui ne permettait pas une attribution certaine.

---

[54] D'autres fragments existent à Pollentia et Cavaillon.
[55] MARABINI MOEVS 1973 : p. 74.
[56] MAYET 1975 : carte 4, p. 133.
[57] Cf. Avant-Propos p. 6 et PICON et VICHY 1974 : p. 39.
[58] Op. cit. note 56.

Type V

Définition : Bol à fond plat et panse hémisphérique, qui à mi-hauteur porte une strie (plus rarement deux) (n° 64 à 71, p. 148 et 188).

Quatre variantes sont à noter :

Type V a : Bord droit marqué par un petit bourrelet interne (n° 64 à 68).
Type V b : Départ de panse oblique (n° 69).
Type V c : Bord rentrant (n° 70).
Type V d : Fond mouluré (n° 71).

Les variantes V b, V c et V d ont été trouvées en un seul exemplaire.

Pâte : Teinte beige-orangé, brique ou marron, fine, sauf les n° 70 et 71 dont la pâte assez grossière possède des grains de quartz visibles, dure, non calcaire.

Surface : Comme pour les types II p. 26 et IV p. 31, la surface externe est lisse. Excepté les n° 70 et 71, p. 148, dont les parois ont un aspect granuleux.

Dimensions : Celles ci ne semblent pas être modifiées en fonction des variantes.

$\emptyset$ B = 10 cm (pour deux exemplaires = 12 cm).
$\emptyset$ F = 4 ou 5 cm.
H : 7 cm.
e.B, e.P et e. F = 1,5 à 2 mm.

Références bibliographiques :

FILTZINGER 1972 : Tf. 41, n° 8 et 9.
FINGERLIN 1970-1971 : Abb. 6, n° 4.
HAGEN 1912 : Tf. 50, n° 1 et 2.
HAWKES et HULL 1947 : pl.. 53, type 61 A.
LASFARGUES et VERTET 1970 : n° 2, p. 223.
LOESCHCKE 1942 : Tf. 28, type 38.
LOESCHCKE 1909 : Tf. XI, types 40 A et 40 B.

MAGER UND ROTH 1941 : Types 13 A et B.
MARABINI MOEVS 1973 : Forme XXXIV, p. 109.
MARECHAL et MAYET 1980 : pl. 8, n° 60.
MAYET 1975 : Forme XXXIII, pl. XXXIII.
RIVET 1980 : T.I, pl. 137, p. 390.[59].
SCHONBERGER et SIMON 1976 : Tf. 33, types 23 A et C.
SCHINDLER-KAUDELKA 1975 : Tf. 7, type 28 et Tf. 10, type 50.
ULBERT 1965 : Tf. 13, n° 1, 3 et 9, 10.
VEGAS et BRUCKNER 1975 : Tf. 2, n° 20.

Cette forme est très populaire dans l'empire romain à la période augustéenne, comme le démontre sa présence dans de nombreux camps du limes germanique (cités parmi les références). Toutefois il n'est pas rare de la trouver dans des contextes tibèriens : au Magdalensberg, à Novaesium ou à Colchester par exemple.

Cette importante distribution et cette datation large sont le reflet des productions de plusieurs centres. Seul l'atelier de La Muette est parfaitement reconnu[60]. Dans ce centre, ce type (avec le type I) représente 75 %, de la production de parois fines[61].

L'étude stratigraphique de la rue des Farges et celle des pourcentages qui ont pu être calculés, sont certainement représentatifs de l'évolution de cette fabrication Lyonnaise. Les diagrammes G à K (p. 130 et 131 et n° 5) montrent en effet, un accroissement régulier (de 3 % à 46 %) des pourcentages à partir des premiers niveaux jusqu'en 15 ap. J.C., date qui marque une baisse brutale sinon un arrêt de production. On peut déjà remarquer que cela correspond à l'apparition d'un nouveau type (type VIII). Il est probable que tous les fragments trouvés appartiennent à La Muette.

Il est délicat de cerner une évolution parmi les variantes relevées. On peut signaler, cependant, que les types V c et V d proviennent d'un contexte 0 / 10 ap. J.C. alors que le type V est présent dès les premières couches[62].

---

[59] Fouilles du Clos de la Tour à Fréjus, Marseille, 1980, Thèse IIIe cycle.
[60] L'origine de cette forme doit de situer en Italie centrale. MARTIN 1980 : p. 243.
[61] LASFARGUES et VERTET 1970 : p. 222.
[62] Le matériel de la fouille de l'atelier devrait préciser si, réellement, il s'agit d'une évolution. Les fragments de la rue des Farges n'étant pas assez nombreux pour une étude.

DEUXIEME CHAPITRE

PRODUCTIONS PROBABLES DE L'ATELIER DE LOYASSE ET DE L'ATELIER DE LA MUETTE
(Catalogue p. 149 à 153)

Type VI

Définition : Pot à panse globulaire, lèvre inclinée vers l'extérieur, col haut, fond légèrement concave ou plat. (n° 72 à 81, p. 149 et p. 190)

Type VI a : Epaule marquée par un décrochement, panse striée, n° 72 à 74 et n° 81 (série fragment couvert d'un engobe marron)

Type VIb : Epaule sans décrochement, deux stries sur le haut de la panse, n° 75 à 80.

Pâte : Teinte brun-orangé ou marron, dure, présence de quartz (de très petite taille) et plus rarement de mica, non calcaire.

Dimensions : Un seul exemplaire offrait un profil complet

$\emptyset$ B = 9 cm   H = 9,5 cm
$\emptyset$ P = 11 cm   e.B et e.P = 2 mm
$\emptyset$ F = 4 cm   e. F = 3 mm

Remarque : Il semble que les pots de type VIb n'aient jamais d'épaule marquée par un décrochement.

Références bibliographiques :

FINGERLIN 1970-1971 : Abb 6, n° 6.
FINGERLIN 1986 : p. 245, fosse 42, n° 15.
LOESCHCKE 1909 : Tf. II, type 43A.
LOESCHCKE 1942 : Tf. 27, type 30.
SCHONBERGER et SIMON 1976 : Tf. 33, type 26A et type 26B.
ULBERT 1965 : Tf. 14, n° 7.
VEGAS 1973 : p. 75, type 31, n° I.

Ce type est donc présent sur de nombreux site du limes germanique. A Oberaden par exemple dont l'installation daterait de 11 av. J.C.[63], à. Dangstetten où, d'après les estimations que nous avons pu faire à partir de la publication de 1986, cette forme est à la troisième place, tout de suite après les gobelets d'Aco et les "Rippen Becher".

A Pollentia, ces vases se situent dans les niveaux les plus bas de datation républicaine et augustéenne. A Lyon, un fragment identique a été trouvé dans la fouille de la montée de Loyasse, qui a livré du matériel semble-t-il augustéen[64]. La fouille de l'atelier de La Muette a donné quelques tessons de ce type (n° a et b p.150)[65]. Le diagramme G (p. 130 et n° 6) montre que ce type est présent dès l'installation des Farges en proportion "importante". Rappelons que le matériel le plus précoce du site est daté par A. DESBAT entre 20 et 15 av. J.C.[66]. Jusqu'en 15 ap. J.C. le pourcentage, bien que plus faible, reste homogène.

Il est donc probable que ce type fût produit par l'atelier de Loyasse et repris par celui de La Muette. Si la datation augustéenne semble nette, l'origine de ce type, pour être établie, demanderait plus de recherches. on peut néanmoins remarquer qu'il est absent de Cosa et qu'il n'est pas non plus signalé dans MAYET 1975 parmi tous les vases à parois fines de la péninsule ibérique qui jusqu'à l'époque tibèrienne sont importés d'Italie.

---

[63] Datation par Dendrochronologie, HOLLSTEIN, E., Mitteleuropäisches Eichenchronologie, Trierer Grabugen und Forshurgen, 11, Trier, 1980, p. 132-133.

[64] PELLETIER 1967, pl. S, n°6.

[65] Les fragments a et b page 150 ont été trouvés parmi le matériel de l'atelier de La Muette. Ils ne sont présentés qu'à titre indicatif avant toute certitude de production de la forme VI par cet atelier.

[66] DESBAT "1986". (à paraître).

Type VII

Définition : Gobelet ovoïde à bord haut et concave, à panse décorée et fond certainement plat ou légèrement concave, engobé ou non (n° 84, n° 82 à 88 p. 151 et p. 190).

Pâte : Orangé, marron ou grise, dure, fine non calcaire.

Décor : Bandes verticales, faites à la barbotine et portant des petites incisions horizontales.

Dimensions : Aucun profil entier n'a pu être reconstitué.
- $\emptyset$ B = 8 cm
- e.B = 1,5 mm
- e.P = 2 mm

Références bibliographiques :

FINGERLIN 1970-1971 : Abb 6, n° 5[67]
FINGERLIN 1986.
HAGEN 1912 : Tf. LII, n° 7.
LOESCHCKE 1942 : Tf. 28, type 31.
MARABINI MOEVS 1973 : Forme IV, p. 61.
SCHONBERGER ET SIMON 1976 : Tf. 33, type 16.
ULBERT 1965 : TF. 14, N° 8 ET 9.
VEGAS 1963-1964 : n° 8, p. 76[68].
VEGAS 1973 : Type 24 B, p. 64.
VEGAS et BRUCKNER 1975 : Tf. I, n° 7

---

[67] Le profil est un peu différent puisqu'il présente un décrochement sur le haut de la panse. Une telle variante existe à Saint-Romain-en-Gal dans un niveau augustéen. Rapport de fouille de la Maison des Dieux Océans. 1983. pl. 4, n° 16.

[68] VEGAS 1963-1964, p. 65. précise qu'à Xanten un four aurait fabriqué ce vase.

Cette forme, déjà commentée lors du Type Ic, p. 24, et ce décor sont généralement datés de la période républicaine[69]. Toutefois, ils se rencontrent, comme le montrent les références, dans les camps du limes à la période augustéenne. Ainsi dans le matériel provenant des 600 fosses de Dangstetten il apparait que ce type est quantitativement le deuxième en pourcentage. Si donc, comme le précise MARABINI MOEVS 1973, en Italie cette production s'arrête au début du règne d'Auguste, en province des ateliers fabriquent toujours ces vases dans le dernier quart du Ier siècle av. J.C.[70]. Cette datation se confirme en partie par la présence d'un vase de ce type dans le matériel de la montée de Loyasse, mais surtout par les fragments trouvés rue des Farges qui se situent tous dans des couches datées entre 20 av.J.C.et 0 (diagrammes G et H p.130 n°7)[71-72]

Il est fort probable que l'atelier de Loyasse ait produit ce vase[73]. Aucun fragment n'a été trouvé dans la fouille de l'atelier de La Muette.

---

[69] MAYET 1980 : p. 61.

[70] VEGAS 1973 propose la localisation d'un centre de production en Italie centrale.

[71] PELLETIER 1967, pl. V, n° 4.

[72] Cette date limite expliquerait qu'aucun vase de ce type n'existe à Haltern.

[73] L'atelier de Loyasse a produit plus de parois fines engobées que l'atelier de La Muette. Renseignement communiqué par M. PICON.

Type VIII

Définition : Bol hémisphérique, généralement trapu, à fond plat.(n° 89 à 102, p.152 et p. 190).

Type VIII a : Bord droit. (n° 89 à 93).
Type VIII b : Bord marqué par un petit bourrelet externe. (n° 94 à 99).

Pâte : Teinte grise et noire, grossière : très nombreux grains de quartz, dure, son métallique, non calcaire, grésée[74].

Surfaces : aspect granité[75]. on note souvent des reflets bleutés brillants.

Dimensions : $\emptyset$ B = 9 à 11 cm (1 exemplaire = 12 cm).   e.B = 1,5 ou 2 mm.
$\emptyset$ F = 4 cm.   e.F = 3 mm.
H = 5 à 6 cm.

Références bibliographiques :

ETTLINGER et SIMONET 1952 : Tf. 13, n° 266.
GREENE 1979 : p. 75.
MAIOLI 1972-73 : n° 1, p. 119.
MAYET 1980 : p. 208 et 209.
SCHINDLER-KAUDELKA 1975 : Tf. 13, type 68.
SIMONET 1941 : p. 45, Grab. 3, n° 3 ; p. 47, Grab. 5, n° 4 ; p. 48, Grab. 6, n° 2 ; p. 103, Grab. 40, n° 4.

Les datations les plus précoces connues sont celles :
- du Magdalensberg, 10 av. J.C. à 25 ap. J.C., où la "fabric C" définit une pâte ayant ces caractéristiques : teinte grise, granuleuse, inclusion de quartz, très cuite, parfois teinte bleutée, surfaces rugueuses. (ces critères se rapprochent beaucoup de ceux de notre type).
- des nécropoles du Tessin.

---

[74] Voir note 26 p. 16.
[75] Granité : les dégraissants de la pâte ressortent à la surface. Ce n'est pas un sablage.

Ceci ne surprend pas puisque ces deux sites sont très proches géographiquement et qu'il est généralement admis (GREENE 1979[76]) que le Magdalensberg a été approvisionné par l'Italie du Nord.

La définition du type A des vases de Ravenne est également identique à la nôtre : "gris sombre ou noir, granuleux, inclusions visibles à la surface, son métallique, sans engobe. "La datation proposée va du début du Ier siècle ap. J.C. à 50 ap. J.C. Ces remarques, bien qu'elles ne soient pas exhaustives, sont significatives et laissent supposer la présence d'un centre de production, pour cette forme, dans le Nord de l'Italie.

Toutefois il est peu probable que les vases provenant de la rue des Farges soient des importations, car en fonction des datations vues ci-dessus, des fragments auraient dû être présents dans des contextes datés au moins du début de notre ère.

Le diagramme J, (P. 131 et n° 8), démontre bien que cette forme apparaît, en grand nombre, subitement vers 15 ap. J.C., alors que le bol, type V se fait plus rare et n'est peut être plus produit. La fabrication du bol gris majoritaire vers 15 ap. J.C. (38 %), existe encore en 20 / 30 ap. J.C. quand l'atelier de La Butte produit des bols sablés en pâte calcaire (diagramme K, p. 131, n° 12) et semble s'arrêter tout aussi brusquement vers 40 ap. J.C. (diagramme M, p. 132). Les pourcentages dans les niveaux datés de 50 ap. J.C. à 80 ap. J.C. (diagramme N et O, p. 132, n° 8) sont sans doute résiduels.

Bien que la fouille de l'atelier de La Muette n'est mis au jour aucun dépotoir attestant cette fabrication[77], il est très possible que les vases de la rue des Farges soient le témoin d'une production de cet atelier, ou tout au moins d'un atelier ayant travaillé dans le même secteur.

Malgré les problèmes de chronologie, il est préférable d'"attribuer" ce type à l'atelier de La Muette et non à celui de La Butte dont la technique est différente. Ce type montre, sans doute, qu'il ne faut pas sous-estimer l'influence de l'Italie du Nord à Lyon dans la première moitié du Ier siècle ap. J.C.. Notons à ce titre, que les premières importations italiques à pâte grise (type LVII par exemple p. 91) apparaissent au même moment (diagramme J, p. 131)[78].

---

[76] GREENE 1979; p. 2 à 6.

[77] Excepté de très rares fragments qui constituent sans doute des ratés de cuisson du type V.

[78] Les types VIII a et VIII b sont très intéressants car il est possible de voir en eux le maillon reliant le type V, p. 33 de l'atelier de La Muette au type XXV p. 55 de l'atelier de La Butte. Nous pouvons signaler également que dans un contexte daté de 15 / 20 ap. J.C., deux fragments de fond de bol, possédant une pâte siliceuse grésée et un sablage, ont été trouvés. (type LXXIX, p. 105).

Type IX

Définition : Gobelet (?) à fond plat et départ de panse concave portant un décor incisé. n° 103, p. 153 et p. 193. Trouvé en un seul exemplaire.

Pâte : Grise, fine.

Surface : La surface externe est noire, résultat d'un polissage plus que d'un engobe.

Dimensions : $\emptyset$ F = 5 cm.
  e.P et e.F = 1 à 2 mm

Contexte : 10 av. J.C. / 0.

Références bibliographiques :

MAIOLI 1972-73 : n° 36, p. 121.
MARABINI MOEVS 1973: Type XV.
MAYET 1975 : Forme XXIV, pl. XXVII.
SCHINDLER-KAUDELKA 1975 : Tf. 9, type 47.
VEGAS 1973 : Type 31, n° 3 et 4.

Les formes généralement rencontrées pour ce genre de décor sont des pots à lèvre eversée et à une anse. Décorés de bandes incisées groupées et parallèles, leur datation est Tibèro-claudienne, ils proviennent, selon MAYET d'un atelier italique. Mais le fragment trouvé rue des Farges est daté de 10 av. J.C.. Trois sites présentent des datations et profils très proches de notre fragment : Cosa où le type XV provient de niveau républicain, le Magdalensberg où un fond identique est daté de 25 / 15 av. J.C. et Ravenne où la datation du vase est du début Ier siècle ap. J.C.. Ce fragment est peut être issu des fabrications de l'atelier de Loyasse.

TROISIEME CHAPITRE

IMPORTATIONS OU IMITATIONS DES ATELIERS DE LOYASSE ET DE LA MUETTE ?
(Catalogue p. 153)

Les différents types décrits dans ce chapitre présentent des critères de fabrication qui nous font supposer une production locale. Tenant compte cependant de leurs caractères exceptionnels quant à leur forme parmi les parois fines du site, nous préférons ne pas les attribuer à un atelier précis.

Type X

Définition : Tasse carénée, à bord droit marqué par un petit bourrelet interne. La panse porte un décor de picots limité dans la partie supérieure par une strie, fine, située à 2 cm du bord environ. (n° 104, p. 153 et p. 193).

Pâte : Grise ou noire, grossière avec de nombreux grains de quartz visible, dure, son métallique, non calcaire.

Surfaces : Aspect granité.

Décor : Cinq lignes, alternées, de picots de taille moyenne, exécutés à la barbotine.

Dimensions : Ø B = 10 cm.
　　　　　　　e.B = 1 mm.
　　　　　　　e.P = 2 mm.

Contexte : 15 / 20 ap. J.C..

Type XI

Définition : Fragments de tasse (?) carénée, à petite lèvre inclinée vers l'extérieur. La panse porte un décor de picot, limité à 1 cm du bord par une strie. (n° 105 et 106, p. 153).

Pâte : Les caractères sont ceux du type X.

Surfaces : Aspect granité.

Décor : La disposition des picots semble être identique à celle du type X. Leur taille est légèrement plus grande.

Dimensions : e.B et e.P = 3 mm.

Contexte : 15 / 20 ap. J.C..

Type XII

Définition : Tasse carénée à petite lèvre inclinée vers l'extérieur et fond plat. Deux anses, certainement moulurées, se situent au dessus de la carène. (n° 107 et 108, p. 153 et p. 193).

Pâte : Les caractères sont ceux du type X.

Surfaces : Aspect granité.

Dimensions : Ø B = 10 cm. e.B et e.P = 2 mm.
Ø F = 5 cm. e.F = 3 mm.
H = 5,5 cm environ.

Contexte : 30 / 40 ap. J.C..

L'aspect de la pâte représente l'atout majeur de ces vases qui permet de les considérer comme des imitations. En effet, elle est en tout point identique à celle du type VIII. Ces vases se situent parfaitement dans la chronologie de fabrication du type VIII.

Ces formes proches de celles de Ravenne, différent cependant par le décor de picot qui n'est pas présent sur ce site ; MAIOLI 1972-73[79] précise que les tasses carénées ont leur origine dans les vases métalliques.
Le site de Cosa, possède, à l'inverse de Ravenne, un profil tout à fait semblable à notre type car il possède aussi deux anses ; mais la pâte est différente puisque : fine et orangée, tout comme le décor qui est guilloché.

Ces vases, de même que le type VIII, sont les traces de l'influence de l'Italie du Nord à Lyon. Il est intéressant de noter que cette forme basse associe un profil, qui sera fréquent au cours du Ier siècle ap. J.C., à un décor qui, lui, est plus "archaïque".

Nous ne pouvons trancher entre importation ou production locale mais si cette dernière s'avère exacte, elle serait à attribuer à l'atelier ayant produit le type VIII, peut être localisé vers l'atelier de La Muette.

---

[79] MAIOLI 1972-1973, p. 109 - 110.

QUATRIEME CHAPITRE

IMPORTATIONS.
(Catalogue p. 154)

L'étude des productions lyonnaises a permis de remarquer des vases dont les caractères techniques et typologiques, représentaient les productions d'autres ateliers.

Toutefois seules les productions provenant d'ateliers proches de Lugdunum ont pu être identifié avec certitude.

Nous avons donc préféré placer dans le chapitre suivant (Divers) les fragments dont il ne nous a pas été possible de déterminer l'origine.

SAINT - ROMAIN - EN - GAL [80] (VIENNE)

Des ateliers ont fabriqué des parois fines à l'époque augustéenne. Une partie de leur production est déjà connue[81].

Certains vases sont facilement identifiables puisqu'ils sont en pâte calcaire, de teinte beige, engobés seulement sur la surface externe. La couleur du revêtement est généralement orangée ou marron clair.

Parmi les fragments retrouvés rue des Farges, tous étaient décorés de guillochis (sauf un[82]).

---

[80] Plusieurs ateliers sont attestés :
- DESBAT 1985 (gobelets d'Aco).
- DESBAT-SAVAY GUERRAZ 1986 (production à vernis argilleux, ("imitation" sigillée, céramique, "engobées", peintes, parois fines)
- CANAL et TOURRENC 1979 (cruches, lampes, mortier.).

[81] La fréquence des formes augustéennes (bols, gobelets par exemple) repérés dans les couches et la découverte d'une production de gobelets d'Aco, laissent à penser que ces ateliers ne sont encore connus que très partiellement.

[82] Fragment de fond, trop petit pour savoir si la panse portait un décor ou non.

Type XIII

Définition : Pot à lèvre inclinée vers l'extérieur légèrement concave, le profil de la panse est trapue, le fond est sans doute annulaire. (n° 109, p. 154[83]. ET P. 194).

Dimensions : Ø B = 10 cm.
  e.B = 4 mm.
  e.P = 3 mm.

Références bibliographiques :

Rapport de fouilles : la maison des Dieux Océans, 1980, Direction des Antiquités Historiques, Rhône-Alpes ; pl. 20, n° 39.14.

CARRE 1973 : p. 31[84].

DESBAT-SAVAY GUERRAZ 1986: P. 103.

Type XIV

Définition : Gobelet (?) à fond plat marqué par une strie. Le décor de guillochis s'arrête au niveau de la strie. Le départ de la panse est oblique. (n° 110 et 111, p. 154 et p. 194).

Dimensions : Ø F = 4,5 cm.
  e.F = 1 à 2 mm.
  e.P = 2 mm.

Références bibliographiques :

ALMAGRO BASCH 1955 : n° 17.

LABROUSSE 1948 : fig. 10, n° 4, 6[85].

---

[83] Le n° a p. 154 est tiré de : DESBAT-SAVAY GUERRAZ 1986.

[84] CARRE, C., Recherches sur les céramiques gallo-romaines du la vallée du Rhône, Mémoire de Maîtrise, Lyon, 1973, p. 31.

[85] LABROUSSE 1948 : T. VI, p. 72-84.

MARABINI MOEVS 1973 : forme XXXII, n° 186.
MARECHAL et MAYET 1980 : pl. VII, n° 47.
MAYET 1975 : pl. XXIV, forme XVII, n° 186.
SCHINDLER-KAUDELKA 1975 : Tf. 3, type 6 d ; Tf. 2, type 5.
VEGAS 1973 : forme 25, p. 68.

Si le type XIII semble être une production caractéristique de Vienne, son profil trapu, son pied dégagé, et sa lèvre, ne sont pas sans rappeler la forme XIV de Cosa (bien que ce vase possède une anse) de datation augustéenne, chronologie qui correspond à celle du niveau où fût trouvé le fragment de la rue des Farges.

Le type XIV est intéressant dans la mesure où plusieurs parallèles sont possibles avec du matériel italique. Certains auteurs[86] pensent qu'il existe une grande similitude entre ce type et les gobelets d'Aco dont les profils sont très semblables. L'organisation des guillochis est de plus très proche de celle des picots.

Tous les fragments proviennent de contextes datés entre 10 av. J.C. et 20 ap. J.C. (diagrammes G à K p. 130 et 132, n° 11). Il est probable que seules quelques formes, non produites par les ateliers de Loyasse ou La Muette, soient parvenues à Lyon ; car les productions de Vienne doivent être plus variées et il ne serait pas étonnant qu'une partie du répertoire soit identique à celles des ateliers de Lyon.

---

[86] MAYET 1975 : p. 54.

CINQUIEME CHAPITRE

DIVERS
(Catalogue p. 155 et 156)

L'étude des céramiques à parois fines du site se voulant exhaustive, nous présentons ici les fragments pour lesquels, soit l'origine était indéterminée, soit la forme non identifiable. Nous n'en ferons qu'une description, et préciserons les contextes dans lesquels ils furent trouvés, parfois accompagné d'un commentaire.

Type XV

Définition : Anse cannelée (n° 112 p. 155).

Pâte : Coeur rouge, surface grises, fine

Contexte : 20 / 10 av. J.C.

Type XVI

Définition : Fragment de panse avec un décor de bandes ondulées faites à la barbotine (n° 113 p. 155).

Pâte : Coeur gris, surfaces orangées, fine

Contexte : 20 / 10 av. J.C.

Type XVII

Définition : Représenté par un seul fragment de panse avec un gros picot (n° 114 p. 155).

Pâte : Marron clair, fine

Dimensions : e.P = 1,5 mm

Contexte : 20 / 10 av. J.C.

Références bibliographiques :

DUMOULIN 1965 : p. 19, Fig. 27, n° d.
MARABINI MOEVS 1973 : Forme IV, n° 83
SCHINDLER-KAUDELKA 1974 : Tf. 4, type 12.13

Le décor d'épine est fréquent sur le site de Cosa, sur des formes hautes dès la période républicaine. Couvrant la panse, les épines existent aussi sur des gobelets (type 3a) à Cavaillon, datés du milieu du Ier siècle av. J.C. Or le tesson issu de la rue des Farges se situe dans cette chronologie puisque trouvé dans un contexte de 20 / 15 av. J.C.
Ce vase représente-t-il une fabrication de l'atelier de Loyasse ou une importation ?

Type XVIII

Définition : Gobelet à fond plat portant une strie sur la panse. Le bord manque. Représenté en un seul exemplaire (n° 115 p. 155).

Pâte : Beige gris, fine

Dimensions : Ø F= 4 cm
e.P= 2 mm

Contexte : 10 / 0 av. J.C.

Références bibliographiques :

HAGEN 1912 : Tf. Liv. n° 12.
LOESCHKE 1909 : type 41a.
MARABINI MOEVS 1973 : pl. 8, n° 95, Forme XI.
MAYET 1975 : Forme XXXIII, pl. XXXIV, n° 27.

Le vase mentionné par MAYET 1975 est classé dans les bols. Néanmoins, le profil se rapproche plus des gobelets augustéens, il est donc préférable de le ranger dans le type des gobelets, même si le bord est droit. Cette forme est datée dans tous les sites de la période augustéenne. Datation identique pour le fragment de la rue des Farges puisqu'il provient d'un niveau daté 10 / 0 av.J.C.

Type III

Définition : Gobelet d'Aco dont la frise supérieure est constituée de profils humains au-dessous desquels sont disposés des motifs géométriques (n° 116 p. 155).

Pâte : Beige, dure un peu grossière avec des grains de quartz et quelques grains noirs visibles.

Dimensions : e.B = 2 mm

Contexte : 10 / 0 av. J.C.

La pâte est différente de celle des gobelets d'Aco produits par les ateliers lyonnais, elle possède, en effet, beaucoup plus de dégraissant. La frise supérieure est également inconnue à Lyon où celle-ci est toujours constituée d'éléments végétaux[87]. Si le profil existe sur certains vases signés par PHILOCRATES ou par FIDELIS, il est soit intégré au décor de picots, soit en bordure de la signature, mais jamais en frise[88].

---

[87] LASFARGUES ET VERTET 1968.
[88] LASFARGUES ET VERTET 1972.

Aucun parallèle n'a pu être trouvé, l'atelier de Saint-Romain-en-Gal[89] apportera peut-être une réponse, cependant la pâte de notre exemplaire est encore différente de ses productions.

Type XIX

Définition : Un fragment de panse à bord droit (n° 117 p. 155).

Pâte : grise, fine, rares grains de quartz.

Contexte : 15 / 10 ap. J.C.

Type XX

Définition : Bord mouluré (n° 118 p. 155).

Pâte : Noire, grossière, nombreux grains de quartz.

Contexte : 15 / 20 ap. J.C.

Type XXI

Définition : Bol à bord droit, à panse très fine décorée de dépressions (n° 119 p.156).

Pâte : Orangée, fine, non calcaire.

Surfaces : Aspect lisse.

Dimensions : Ø B = 9 cm
　　　　　　　e.B et e.P.= 1 mm

Contexte : 15 / 20 ap. J.C. et 70 / 100 ap. J.C.

---

[89] Voir note 80 p.45.

Références bibliographiques :

MAIOLI 1972-73 : p. 119, n° 10.
VOGT 1948 : pl.. 34, n° 26.

Cette forme est très rare et aucun parallèle n'a été trouvé. Toutefois on peut remarquer qu'à Zurich, un décor à dépressions existe sur une forme basse datée de la période augustéenne. A Ravenne il s'agit d'une tasse carénée à bord éversé, datée de la première moitié du Ier siècle ap. J.C.

Les vases de la rue des Farges proviennent de deux contextes différents : l'un daté de 15 / 20 ap. J.C., l'autre de 70 / 90 ap. J.C.. Ce dernier fragment est certainement résiduel tandis que le premier correspond aux datations des sites déjà nommés.

Si il est vrai que la pâte et le bord rappellent les bols de l'atelier de La Muette, rien ne permet actuellement de trancher entre une fabrication de cet atelier ou une importation.

Type XXII

Définition : Fragment de bord à lèvre inclinée vers l'extérieur. Départ de deux anses sous le bord (n° 120 p. 156).

Pâte : Teinte orangée, très grossière.

Contexte : 15 / 20 ap. J.C.

Type XXIII

Définition : Un fragment de panse à bord droit (n° 121 p. 156).

Pâte : Grise, fine, quelques grains de quartz.

Contexte : 30 / 40 ap. J.C.

Type XXIV

Définition : Fragment de panse avec une carène, soulignée par une moulure et une strie. le bord est légèrement éversé (n° 122 p. 156).

Pâte : Noire, grossière.

Contexte : 30 / 40 ap. J.C.

Deuxième Partie

PAROIS FINES DU Ier SIECLE AP. J.C.

De la même façon que pour les productions augustéennes, nous traiterons des parois fines issues de l'atelier lyonnais de La Butte, des parois fines que l'on peut probablement attribuer à ce même atelier, des importations, enfin des formes diverses dont l'origine n'a pu être définie.

Les pourcentages sont présentés dans les diagrammes G à Q, p. 129 à p. 133, les dessins p. 157 à p. 179, complétés pour quelques exemplaires par des photographies p. 191 à p. 193.

CHAPITRE PREMIER

PRODUCTIONS ATTESTEES DE L'ATELIER DE LA BUTTE.
(Catalogue p. 157 à 168)

Type XXV

Définition : Bol à panse hémisphérique, à fond plat, recouvert d'un engobe externe et interne. Toujours sablé à l'extérieur, généralement à l'intérieur (sauf de rares exemplaires) (n° 123 à 131, p.157 et p.191).

Il convient de distinguer trois variantes en fonction du bord.

Type XXV a : Bord droit, le sablage recouvre tout le vase. (n° 123 et 124).

Type XXV b : La limite supérieure du sablage s'arrête à une fine moulure délimitant ainsi un bord lisse. (n° 125 et 126).

Type XXV c : Le bord, non sablé, est marqué de plusieurs fines moulures. Le sablage interne peut s'arrêter au niveau de la moulure externe la plus basse. (n° 127 à 131).

Pâte : Teinte beige à beige verdâtre, fine, dure, calcaire.

Engobe : Teinte marron à marron gris, les teintes très foncées portent souvent des reflets bleutés brillants, l'engobe semble alors grésé, bien conservé.

Sablage : Les grains de sable sont fins, assez denses. Le n° 131 porte les traces de pinceau qui a servi à enlever l'excédent de sable.

Dimensions :

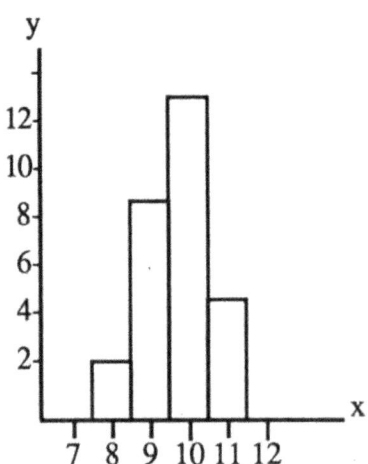 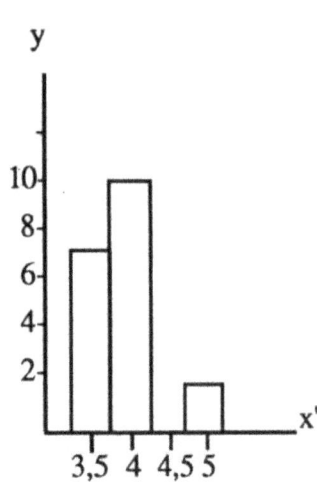

x : diamètre bord   x' : diamètre fond
y : nombre d'exemplaires dimensions en cm.

H = 5 < z < 6 cm.
e.B et e.P = 2 mm.
e.F = 3 mm.

Références bibliographiques :

BEMONT 1976 : fig. 4, p. 249.
ETTLINGER 1949 : Tf. 22, n° 1 à 3.
ETTLINGER et SIMONET 1952 : Tf. II, n° 223.
FILTZINGER 1972 : Tf. 41, n° 12, 13, 17, 19 à 25.
GOSE 1950 : Tf. 15, type 220.
GREENE 1976 : fig. 5, type 1, p. 19.
HAWKES et HULL 1947 : pl. LIII, n° 62, p. 228.
MARABINI MOEVS 1973 : pl. 35, forme XXXVI.
MAYET 1975 : pl. XXXVII, forme XXXV.
PAUNIER 1981 : n° 307, p. 346.
PERICHON 1964 : pl. 1, n° 1.

RITTERLING 1913 : Tf. XXXII, type 22 Aa.
SCHINDLER-KAULDEKA 1975 : Tf. 22, type 115 ; Tf. 31, type 144.
ULBERT 1965 : Tf. 13, n° 4 et 6.
VEGAS 1973 : type 34, p. 82.
VEGAS et BRUCKNER 1975 : Tf. 35, n° 7 et 8.

Bien que la liste des références ne soit que partielle, ces vases sont très répandus. L'étude approfondie des centres de fabrications permettrait d'établir clairement la filiation qui doit exister entre le type VIII (p. 39) et ce bol. S'agit-il d'une forme produite par un atelier et reprise très rapidement par d'autres ou s'agit-il d'une production simultanée de plusieurs potiers ?.

Il est intéressant de noter qu'au Magdalensberg dès les contextes de 15 / 25 ap. J.C. ce type est présent [90], à Cosa également. Ces périodes les plus précoces possèdent des vases du type XXV a ou XXV b, toutefois ceux ci semblent très rapidement remplacés par le type XXV c. C'est en effet ce qui apparaissait dans le matériel de la rue des Farges où dès les années 20 / 30 ap. J.C. ces trois types coexistent. Toutefois après 40 ap. J.C. les deux premiers types disparaissent.

La question des exportations n'est pas abordée dans cette étude, on peut cependant remarquer que c'est dans des contextes Claude-Néron que le Magdalensberg, Hofheim ou Usk possèdent certainement des bols lyonnais[91]. Ceci peut être interprété comme la preuve d'un commerce de conséquence pour l'atelier de La Butte au cours de cette période.

Les diagrammes K à Q (p. 131 à 133, n° 12), montrent que, de la période tibèrienne jusqu'à la fin du Ier siècle ap. J.C. les pourcentages restent à peu près réguliers et que cette forme représente une production importante parmi les parois fines fabriquées à La Butte.

Nous possédons avec cette forme, certainement un indice ou le témoignage nous permettant de repousser la date proposée, jusqu'à ce jour, pour la fin de l'activité de l'atelier de La Butte. Ce n'est pas vers 70 ap. J.C. mais plutôt à la fin du Ier siècle ap. J.C. ou au tout début du IIe siècle ap. J.C. que cet atelier a sans doute cessé de fonctionner.

---

[90] Dans une pâte orangée, alors que des vases datés de 40 / 50 ap. J.C. ont une pâte verdâtre et pourrait être des importations lyonnaises.

[91] Au Magdalensberg : Fabric. F F.
A Hofheim : Technic A.
A Usk : vérifié par GREENE, fig. 10, n° 1 à 9.

Type XXVI

Définition : Bol à bord lisse ou mouluré, panse hémisphérique et fond plat. Une fine moulure délimite le bord et le décor de crépis. (n° 132 à 134, p. 158 et p. 191).

Pâte : Teinte beige à beige verdâtre, fine, dure, calcaire.

Engobe : Marron à marron gris, parfois reflets brillants bleutés, deux exemplaires ont un engobe plutôt orangé.

Décor : Filet de barbotine formant un crépis sur la surface extérieure. Sur un fragment, il est associé à un sablage grossier. La surface interne peut porter un fin sablage.

Dimensions : Aucun vase entier n'a pu être reconstitué.
$\emptyset$ B = en moyenne 10 cm (le n° 132, $\emptyset$ = 14 cm).
$\emptyset$ F = 4 cm.
e B = 2 ou 3 mm.
e.F = 2 ou 3 mm.

Références bibliographiques :

ETTLINGER et SIMONET 1952 : Tf. II, n° 227.
FILTZINGER 1972 : Tf. 42, n° 17 et 18.
GREENE 1979 : fig. 3, type 2. fig. II, n° 1 et 2.
MAYET 1975 : forme XXXVII, pl. XLIV.
PAUNIER 1981 : n° 308 et 309, p. 346.
RITTERLING 1913 : Abb. 54, n° 6, type 22.
SHINDLER-KAUDELKA 1975 : Tf. 31, type 145 b.

Cette forme de profil identique au type XXV, présente un décor original. C'est avec ce vase qu'apparaît le décor à la barbotine dans l'atelier de La Butte. D'après MAYET 1975[92] cette technique est caractéristique de la deuxième moitié du Ier siècle ap. J.C. Le crépis sablé, précise t-elle, existe entre Claude-Néron dans

---

[92] MAYET 1975 : p. 79.

les fouilles de Conimbriga (Portugal). Datation qui se retrouve pour les sites donnés en références.

Le diagramme L, (p. 131, n°13) montre que les premiers fragments se rencontrent dans les contextes datés de 30 / 40 ap. J.C. Le calcul des pourcentages semble confirmer qu'après 70 ap. J.C. ce type se fait très rare. Il est fort probable que les deux derniers chiffres ne représentent que du matériel résiduel. Il est de toute façon significatif que, dans le contexte 70/100 ap. J.C.(diagramme P, p.133), qui présente le nombre de forme le plus élevé, ce type ne constitue que 0,5%.

Ce type est moins répandu que le type XXV. Il convient de remarquer que les vases de Vindonissa[93], du Magdalensberg, d'Hofheim (Technic A) pourraient provenir de Lyon.

Types XXVII, XXVIII, XXIX, XXX.

Définition : Bols à panse hémisphérique, à fond plat, bord lisse, de 1 cm de hauteur environ, séparé du décor (couvrant la panse) par une fine moulure. Le bord peut être marqué par une strie peu profonde.

Nous avons regroupés ces types qui se différencient par les motifs du décor.

Pâte : Teinte beige à beige verdâtre, fine, dure, calcaire.

Engobe : Marron à marron gris , parfois reflets bleutés brillants, l'engobe n'est pas toujours de teinte homogène et peut présenter des variations orangés ou brun clair.

Sablage : Seulement sur la surface interne.

Décor : A la barbotine.
- **Type XXVII** : épines alternées sur quatre rangées (n°135 et 136, p.158 et 191)
- **Type XXVIII** : écailles alternées sur quatre rangées (n°137 et 138, p.158 et 191)

---

[93] Vases vus par l'auteur au musée de Vindonissa.

- **Type XXIX**   : pastilles cloutées, de 1,5 cm de Ø, alternées sur deux rangées (peut être trois[94]). Des pastilles devaient être appliquées sur le vase et des "clous" étaient ensuite marqués par un poinçon, cette opération devait se faire après séchage partiel car aucune trace de doigt n'a été relevée à l'intérieur du vase. (n° 139 p.158)
- **Type XXX**   : pastille cloutée posée a la jonction de deux écailles. On peut en restituer sans doute sur deux lignes. (n° 140, p. 158 et 191)

Dimensions : Ø B = 9 < x < 11 cm.   e.B = 2 ou 3 mm.
               Ø F = 4 cm.   e.P = 2 mm.
               H = 4 ou 5 cm.   e.F = 3 ou 4 mm.

Références bibliographiques :

Type XXVII :

GREENE 1979 : p. 20, fig. 6, n° 4 ; p. 31, fig. II, n° 6.
HAWKES et HULL 1947 : pl. III, forme 62 Ad.
RITTERLING 1913 : Abb. 54, n° 8, type 22.
SCHINDLER-KAUDELKA 1975 : Tf. 29, type 140.
ULBERT 1965 : Tf. 13, n° 7.

Type XXVIII :

ETTLINGER et SIMONET 1952 : Tf. II, n° 224.
FILTZINGER 1972 : Tf. 42, n° 4.
GOSE 1950 : Tf. 15, n° 221.
GREENE 1979 : p. 20, fig. 5, n° 3 ; p. 31, fig. II, n° 3 et n° 5.
RITTERLING 1913 : Tf. XXXII, type 22 Ad.

Type XXIX :

DUNCAN 1964 : p. 48, fig. 6, n° 5 [95].
ETTLINGER et SIMONET 1952 : Tf. II, n° 225.
FILTZINGER 1972 : Tf. 41, n° 27 [96].

---

[94] Voir note 93.
[95] Curieusement ce tesson est classé dans la céramique sigillé (p. 47), mais la datation, elle, est correcte.
[96] Les n° 26 et 28 sont identiques, mais la teinte de leur engobe (orangé) est très rare à Lyon.

GREENE 1979 : p. 20, fig. 6, n° 5 ; p. 31, n° 7 [97].
HAWKES et HULL 1947 : pl. 53, forme 62 Ba.
SCHINDLER-KAUDELKA 1975 : Tf. 31, type 147.

Type XXX :

ETTLINGER et SIMONET 1952 : Tf. 12, n° 14.
GREENE 1979 : p. 21, fig. 26, n° 5. 2 ; p. 31, n° 9 à 12.
RITTERLING 1913 : Tf. XXXII, type 22 Ac.

Ces différents types ont été regroupés pour plusieurs raisons :
- Ce sont tous des bols ayant les mêmes caractères formels.
- La technique du décor est la même.
- Les contextes des sites donnés en références sont identiques (Claude-Néron).

Le profil de ces formes se rapprochent du type XXV b, il est très rare qu'elles possèdent un bord très mouluré. Les décors utilisés semblent propres à l'atelier de La Butte (ils seront par la suite imités par d'autres ateliers, notamment par ceux de l'Est[98]).

Le diagramme M, (p. 132, n° 14), ne modifie pas les datations relevées ci-dessus. Les premiers exemplaires se situent dans les contextes 40 / 50 ap. J.C. et leur durée de fabrication paraît courte puisque vers 60 / 70 ap. J.C. ce type est moins fréquent. Les pourcentages calculés pour la fin du Ier siècle ap. J.C. peuvent cependant être la trace d'une production qui serait très faible.

Ces quatre types ont été séparés du type XXVI car leur production est un peu plus tardive, mais leur arrêt de fabrication doit être contemporain. Ces formes ne remplaceront pas le bol sablé.

---

[97] Les vases présentés par GREENE 1979 : fig. 6, n° 5. 3 et 5. 4 (provenant respectivement de Vindonissa et Nijmègue) n'ont pas été identifiés rue des Farges.

[98] GREENE 1979 : p. 61.

Type XXXI

Définition : Bol tripode à panse hémisphérique, à lèvre inclinée vers l'extérieur. Une légère carène marque parfois la panse (n° 141 à 146, p. 159 et p. 191)

Pâte : Beige, fine, dure, calcaire.

Engobe : Marron orangé (jamais foncé), présentant souvent des variations plus claires sur la panse.

Dimensions : Ø B = 10 cm.
H = avec les pieds 5 < x < 6 cm. Les pieds font 1 cm de haut.
e.B et e.P = 2 mm.
e.F = 2 < y < 3 mm.

Références bibliographiques :
GREENE 1979 : p. 21, fig. 26, type II ; p. 32, fig. 12, n° 3, 4.
HAWKES et HULL 1947 : pl. LIII, forme 63 b.
ETTLINGER et SIMONET 1952 : Tf. II, n° 232.
RITTERLING 1913 : Tf. XXXIII, type 32 ; p. 262.

Cette forme, qui marque un changement au niveau de la lèvre par rapport aux précédents types, existe, d'après les références, surtout dans la zone Nord de l'Empire Romain. Ainsi, ni l'Espagne, ni l'Italie ne semble en avoir produit[99].
La datation, Claude-Néron, des sites mentionnés peut être élargie à partir du matériel de la rue des Farges. Le diagramme L, (p. 131, n° 15), montre que cette production est représentée dès les niveaux datant de 30 / 40 ap. J.C. et jusqu'à la fin du Ier siècle ap. J.C.(diagramme P, p. 133, n° 15).

L'étude des pourcentages prouve une production faible mais constante jusqu'au 80 ap. J.C.. Il faut remarquer que le chiffre de ce dernier contexte est à nuancer. Ceci en raison du caractère de la strate prise en compte, puisqu'il s'agissait d'une série de foyers. Il est donc possible qu'il y ait eu dans cette pièce un dépôt de vase, un rangement.

De toute façon, le pourcentage ne représente certainement pas une augmentation brutale de la fabrication de ce type.

---

[99] Dans la publication d'Hofheim RITTERLING 1913, (Pl. XXXIII) le vase dessiné, est décrit comme n'ayant un engobe qu'au niveau de la lèvre et possédant une pâte rougeâtre. Par contre un autre exemplaire, non dessiné, possède une pâte jaune et un engobe marron, ce qui pourrait correspondre aux vases de Lyon.

Type XXXII

Définition : Tasse à lèvre marquée, panse carénée, fond plat[100]. Engobé ou non.
(n° 147 à 162, p. 160, 161 et 192)

Trois variantes existent en fonction de la lèvre :

Type XXXII a : lèvre inclinée vers l'extérieur, horizontale (n° 147 à 151)

Type XXXII b : lèvre inclinée vers l'extérieur (n° 152 à 157).

Type XXXII c : lèvre inclinée vers l'extérieur légèrement concave (n° 158 à 162).

Pâte : Beige rosé, rarement verdâtre, fine, dure, mais quelques fragments présentaient une pâte "savonneuse".

Engobe : La présence ou l'absence d'engobe est indépendante des variantes ; orangé marron clair ou foncé, interne et externe.

Dimensions :

Ø F = 3,5 cm environ
H = 4 < z < 7 cm, majorité = 4 cm.
e.B et e.P = 2 ou 3 mm.
e.F = 2 à 6 mm.

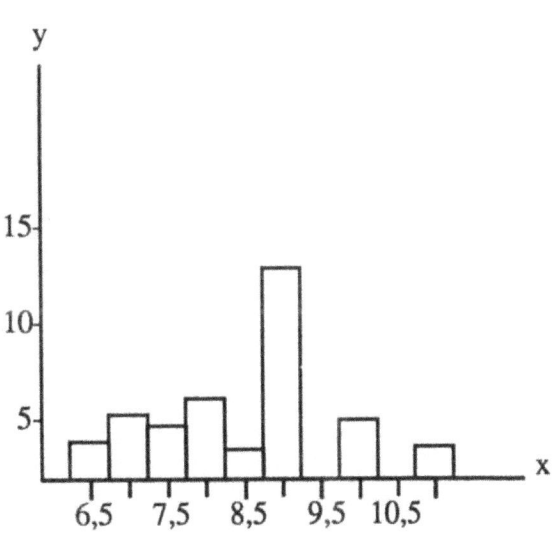

x = diamètre bord   y = nombre d'exemplaire
dimensions en cm.

Références bibliographiques :

DUNCAN 1964 : p. 77, fig. 10, n° 64 à 74, formes 18 à 22.

MARABINI MOEVS 1973 : forme LXV, p. 173.

---

[100] Le fond est marqué de stries concentriques, traces laissées par la ficelle lorsque le vase a été enlevé du tour.

Ces références amènent plusieurs remarques :
- Elles sont peu nombreuses et situées en Italie.
- Les datations sont différentes : Cosa : Tibère - Claude ; Sutri : 60 / 70 ap. J.C. Pour ce dernier le matériel provient d'un atelier.
- Il est singulier de noter l'absence de ce type dans les sites comme : Hofheim, Camulodunum ou Vindonissa et même Usk. Sites qui ont, semble t-il, importé beaucoup de matériel lyonnais. Alors que les pourcentages attestent une production importante, parfois plus élevée que celle des bols sablés.
- Les caractèristiques techniques des vases de Sutri, (engobe marron ou orangé-marron) ou formelles (lèvre, carène et même stries), sont très proches de la définition donnée. MARABINI MOEVS 1973 signale aussi que l'engobe est de préférence orange. Toutefois son exemplaire est décoré, ce qui n'est jamais le cas à Lyon.

Cette forme basse s'intègre cependant parfaitement dans l'évolution des parois fines du Ier siècle ap. J.C. dont la hauteur à tendance à diminuer par rapport aux productions d'avant notre ère.

Malgré les variantes, l'ensemble de ces vases, rue des Farges, est homogène. La chronologie recoupe celle des deux sites déjà nommés. En effet, les premiers contextes où apparaît ce type sont datés de 30 / 40 ap. J.C. (diagrammes L à P, p. 131 à 133, n° 16) et les pourcentages manifestent une production assez importante jusqu'en 90 / 100 ap. J.C. Il semble même qu'au début de sa production, il soit aussi important que les bols sablés. (diagramme M, p. 132)

Les variantes ne traduisent pas une évolution puisqu'elles coexistent dès les premiers niveaux. La lèvre concave que l'on pourrait déterminer comme un critère "archaïque" semble tout au contraire plus fréquente à la fin du Ier siècle ap. J.C.

Type XXXIII

Définition : Pot sablé à lèvre incliné vers l'extérieure, panse ovoïde, fond plat ou légèrement concave. (n° 163 à 186, p. 162 à 165 et p. 192)

Trois variantes se différencient par le bord :

Type XXXIII a : lèvre simple inclinée vers l'extérieur, parfois avec une faible concavité. (n° 163 à 169, p. 162)

Type XXXIII b : lèvre inclinée vers l'extérieur moulurée.(n° 170 à 177, p. 163)

Type XXXIII c : la lèvre peut être du type a ou b mais l'épaule est marquée par une strie, exceptionnellement plusieurs. (n°178 à 182, p. 164)

Pâte : Beige ou beige verdâtre, fine, dure, calcaire.

Engobe : Marron clair à marron gris avec des reflets bleutés brillants. Quelques rares exemplaires portent un engobe orangé ou marron rouge.

Sablage : Rarement sur la surface interne, toujours à l'extérieur. Pour les types a et b, le sablage s'arrête souvent au niveau de l'épaule (à 1 ou 2 cm du bord), sur le type c la strie marque l'arrêt de ce décor. Les grains sont fins.

Dimensions :

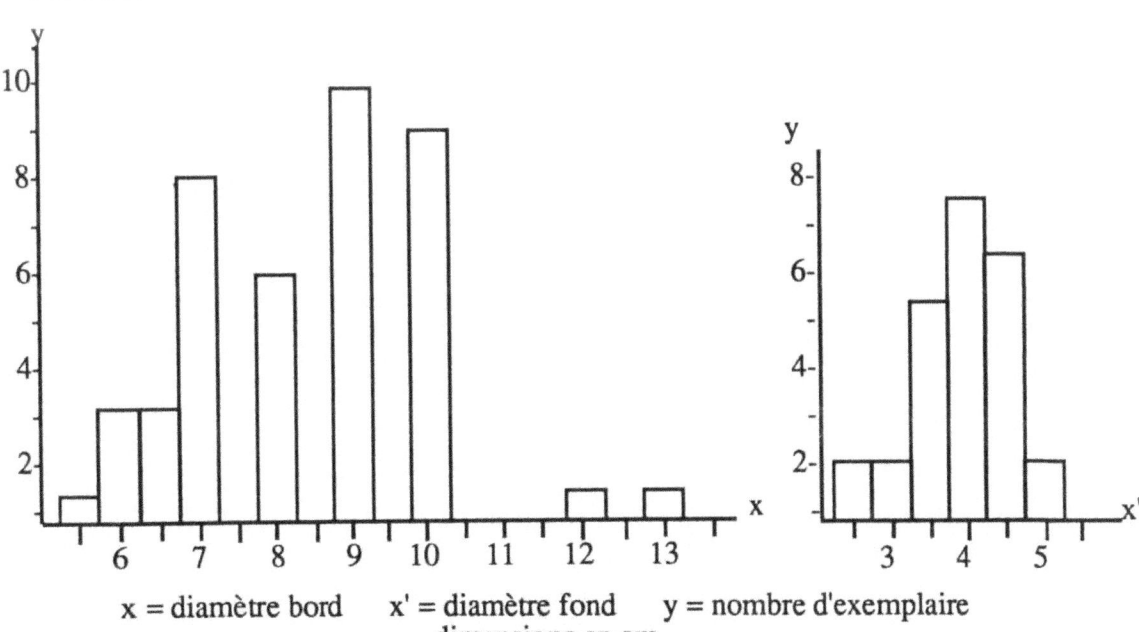

x = diamètre bord   x' = diamètre fond   y = nombre d'exemplaire
dimensions en cm

Plusieurs vases avaient un profil entier :

	1	2	3	4	5	
Ø B	9	6	7	6	10	cm
Ø F	4,5	3	4	3,5	4,5	cm
H	11	8	9	13	12	cm

e.B = 2 ou 3 mm.
e.P = 2 ou 3 mm (s'épaissit vers le fond)
e.F = 2 à 5 mm.

Références bibliographiques :

BEMONT 1972 : p. 262, fig. 7, n° 7540.

BEN REDJEB 1978 : p. 187, n° 29.

ETTLINGER et SIMONET 1952 : Tf. II, n° 238.

FILTZINGER 1972 : Tf. 8, n° 11.

GOSE 1950 : Tf. 12, n° 180.

GREENE 1979 : p. 25, fig. 28, type 20 ; p. 32, fig. 12 : p. 33, fig. 13 ; p. 34, fig. 14.

HEUKEMES 1964 : Tf. 2, n° 28.

PAUNIER 1981 : p. 345, n° 304.

PERICHON 1972 : pl. I, n° 3 ; pl. II, n° 1 et 2

RITTERLING 1913 : Tf. XXXII, type 25 A a.

Ce type dont l'origine est habituellement située dans la forme Haltern 85[101] associe à cette dernière le décor sablé, caractéristique du Ier siècle ap. J.C. à partir du règne de Tibère.

La diversité géographique des sites mentionnés est le reflet d'un grand nombre d'atelier implantés au Sud, au centre[102] ou à l'Est de la Gaule. En Espagne aucun vase n'est signalé dans MAYET 1979. En Italie aussi ce type paraît rare. Toutefois CARANDINI 1976 pense qu'il faut peut être supposer une production de ces parois fines autour de Pouzzoles, avec des vases ovoïdes et piriformes sablés[103].

---

[101] HAWKES et HULL 1947 : p. 235.

[102] Ce que prouve le type L, p. 84.

[103] CARANDINI 1976 : p. 94.

Ce que l'on constate cependant c'est l'homogénéité des datations :

Novaesium Hofheim	Claude
Roanne Genève Camulodunum	Néron
Amiens Heidelberg	Flavien

Ces datations se confirment dans les fouilles de la rue des Farges où l'on se rend compte que cette production de l'atelier de La Butte commence vers les années 20 / 30 ap. J.C. (diagramme K p. 131, n° 17). Ce site, en revanche, prouve que sa fabrication se continue jusqu'à la fin du Ier siècle ap. J.C. si ce n'est le tout début du IIe siècle ap. J.C.[104]. Il est remarquable que tout au long de l'activité de cet atelier lyonnais cette forme semble représenter la production la plus importante des parois fines de l'atelier de La Butte. Ce pot ne disparaît pas de l'Empire puisque dans la publication de GOSE 1950 certains exemplaires sont datés du milieu du IIe siècle ap. J.C., les ateliers de l'Est ayant sans doute imité cette fabrication plus longtemps[105].

Il convient de considérer, enfin, les variantes décrites. Dans les premiers contextes le type XXXIII a est plus fréquent que la variante b, celle-ci sera par contre majoritaire à partir de 40 ap. J.C. et jusqu'à la fin de la production. C'est vers les années 50 ap. J.C. qu'apparaît le type XXXIII c, il ne semble devoir représenter qu'une fabrication secondaire.

Type XXXIV

Définition : Pot ovoïde, à lèvre simple ou moulurée (plus fréquent) et à fond plat.
(n° 187 à 191, p. 166 et p. 192)

Pâte : Beige ou beige verdâtre, fine, dure, calcaire.

---

[104] Datation qui infirme celle que proposait GREENE 1979 : p. 18, pour la fin de l'activité de l'atelier de La Butte : vers 70 ap. J.C.
[105] GREENE 1979 : p. 59.

Engobe : Marron clair à marron gris, cette dernière teinte a parfois des reflets bleutés brillants. Externe et interne.

Sablage : Externe, fin. Un seul fragment ne paraît pas être sablé. (n° 191)

Décor : Dépressions verticales réparties régulièrement sur la panse, sans doute au nombre de six.

Références bibliographiques :

CARANDINI 1977 : Tav. XIII, n° 38.
GOSE 1950 : Tf. 13, n° 192.
GREENE 1979 : p. 25, fig. 8, n° 21 ; p. 51, fig. 21, n° 9.
HEUKEMES 1964 : Tf. 2, n° 27 ; Tf. 26, n° 6.

Ce vase a les mêmes caractères que le type XXXIII[106], il n'en diffère que par son décor qui, selon MARABINI MOEVS 1973, existe déjà au troisième quart du Ier siècle av. J.C (sur des formes basses)[107].

Ces dépressions sont plus fréquemment utilisées sur des profils hauts au Ier siècle ap. J.C. et surtout au IIe siècle ap. J.C. sur la céramique métallescente[108].

Ces pots semblent apparaître au même moment puisque toutes les datations sont postérieures à 50 ap. J.C. Ce qui est le cas rue des Farges où les premiers fragments sont dans des contextes de 50 / 60 ap. J.C.(diagramme N, p.132, n° 18). L'atelier de La Butte a probablement fabriqué ces pots jusqu'en 90 / 100 ap. J.C. L'apparition de ce type au milieu du Ier siècle ap. J.C. peut expliquer le plus grand nombre des lèvres moulurées, déjà rencontrées dans la deuxième moitié du Ier siècle ap. J.C. sur le type XXXIII (p. 65).

Ce vase ne présente pas au Farges d'autre association que dépressions et sablage.

Les pourcentages prouvent que ces pots à dépressions ne remplaceront pas les pots ovoïdes sablés, et ne constituent qu'une production secondaire de l'atelier de La Butte.

---

[106] Notamment le sablage qui s'arrête à 1 ou 2 cm du bord.
[107] Décor déjà rencontré sur un fragment dans un contexte 15 / 20 ap. J.C., p. 51, type XXI.
[108] GOSE 1950 : Tf. 14 ; DESBAT 1978.

Type XXXV

Définition Pot ovoïde à lèvre moulurée, à fond plat légèrement marqué. La panse est décorée de guillochis. (n° 192 à 195, p. 167)

Pâte : Teinte beige à beige verdâtre, fine, dure, calcaire.

Engobe : Rouge sombre à marron, externe et interne.

Décor : Deux bandes guillochées organisées entre des stries. Celles-ci limitent le décor à 1 ou 2 cm du fond, et au milieu de la panse. Sur les fragments, il n'existe pas de stries sur l'épaule.

Dimensions : Ø B = 8 ou 9 cm. e.B = 3 mm.
Ø.P = 10 ou 11 cm. e.P = 2 ou 3 mm.
Ø F = 3 cm. e.F = 3 ou 4 mm.
H = 11 cm
(un seul profil a pu être reconstitué).

Références bibliographiques :
BEMONT 1978 : p. 264.
FILTZINGER 1972 : Tf. 8, n° 9.
GOSE 1950 : Tf. 13, n° 191.
GREENE 1979 : p. 26, fig. 9, type 26.
HAWKES et HULL 1947 : p. 235 (signalé dans le type 94).
RITTERLING 1913 : Tf. XXXII, type 25 A c.

Le profil de ces pots est très proche des vases sablés (type XXXIII) notamment le n° 192 dont la panse globulaire peut être le reflet du début de la production de ces formes. En effet, on note que le profil du vase n° 193 est plus allongé, or cette caractéristique est particulière aux pots du IIe siècle ap. J.C.[109]. Toutefois l'épaule et le col ne sont pas encore nettement marqués comme sur la céramique métallescente.

Le décor guilloché, si fréquent sur les bols ou tasse italiques du Ier siècle ap. J.C. est pour la première fois utilisé sur des parois fines de l'atelier de La Butte.

---

[109] GOSE 1950 : Tf. 13 et 14.

Ce motif sera repris sur les productions du IIe siècle ap. J.C. fabriquées par des centres comme ceux de Lezoux ou de l'Est de la Gaule. La datation, proposée dans BEMONT 1976 à partir du matériel de Glanum, pour l'association des guillochis et des bandes (deuxième moitié du Ier siècle ap. J.C.) est confirmée par l'étude des céramiques provenant d'Hofheim, de Novaesium ou de Camulodunum : de Claude jusqu'à l'époque flavienne. Cette chronologie large est également attestée rue des Farges puisque le type XXXV a été trouvé dans des niveaux datés de 50 ap. J.C. (diagramme M, p. 132), mais aussi de la fin du Ier siècle ap. J.C. ou au début du IIe siècle ap. J.C. (diagramme Q, p. 133).

Le calcul des pourcentages montre cependant que cette production de l'atelier lyonnais a toujours été faible (diagrammes M et Q, p. 132 à 133, n° 19)[110].

Type XXXVI

Définition : Gobelet à bord lisse, à décor de guillochis sur la panse légèrement concave, à fond plat. (n° 196 à 199, p. 168 et p. 193)

Deux variantes existent :

Type XXXVI a : bord lisse avec un petit bourrelet externe.(n°196 et 197)
Type XXXVI b : bord lisse droit . (n°198)

Pâte : Teinte beige, fine, dure, calcaire.

Engobe : Marron, externe et interne.

Décor : Bandes guillochées, limitées dans la zone supérieure par une strie ou une moulure. Vers le fond, ce décor, est quelquefois arrêté par deux stries.

Dimensions : Ø B = 7 cm.
Ø.F = 4 cm.
e.B et e.P = 3 mm.
e.F = 4 mm.

---

[110] Ces formes sont attestées aux Hauts de saint Just à Lyon et datées de 60 / 70 ap. J.C. (conservées au Musée Gallo-Romain de Lyon).

Références bibliographiques :
BEMONT 1976 : p. 256.
GREENE 1979 : p. 72, fig. 31, n° 12.
MAYET 1975 : forme XXXVII, pl. XLI.
MAYET 1976 : p. 90 et pl. 13, n° 5.

Aucun vase entier n'a été retrouvé, mais le diamètre du bord, le départ de la panse seraient en faveur d'un gobelet.

Les références montrent que cette forme existe dans le Sud de la Gaule et, surtout, qu'une production est attestée (de la période tibèrienne à la période flavienne) en Bétique. Nous remarquons que ces vases ont essentiellement un décor végétal exécuté à la barbotine.

Si quelques exemplaires guillochés sont signalés par MAYET 1975 (pl. XLI), il ne faut pas, sans doute, interpréter les vases de la rue des Farges comme de simples imitations. Il est vrai qu'au stade de cette étude cette forme pose des problèmes, d'autant qu'elle ne semble pas être caractéristique des productions de l'atelier de La Butte. Malgré cela, on peut noter d'une part que les premiers contextes où a été trouvée sont ceux également des bols à décor de barbotine (types XXVII à XXX) et des pots guillochés (type XXXV)[111] et que d'autre part quelques fragments ont été trouvés lors de la fouille de cet atelier et sont actuellement en dépôt au Musée Gallo-Romain de Lyon.
Peut-on émettre l'hypothèse selon laquelle, dès le début de sa production, ce gobelet aurait été supplanté par celle des bols lyonnais et par celle de la Bétique ou autres ateliers du Sud de la Gaule ?

Rue des Farges, ce type est présent dans les niveaux datés de 50 à fin Ier siècle ap. J.C., toujours en faible quantité (diagrammes N à Q p.132 et 133, n° 20).

Type XXXVII

Définition : Bol à bord mouluré et décor de guillochis sur la panse. (n° 200 à 201, p. 168)

Pâte : Beige, fine, dure, calcaire.

---

[111] Qui représentent la même organisation du décor.

Engobe : Marron orangé ou marron.

Décor : Les fragments sont trop petits pour permettre d'identifier l'organisation du décor.
Néanmoins d'après GREENE 1979[112] il est possible que les guillochis couvrent la panse, la liaison avec le fond n'existe pas non plus sur l'exemplaire qu'il présente.

Référence bibliographique :
GREENE 1979 : p. 21, fig. 6, n° 10.

Ce décor de guillochis semble rarement associé à des bols. On le trouve surtout sur des profils carénés avec des anses ou sans[113]. Les bords des fragments rappellent ceux des bols décorés de crépis (n° 134, p. 158). Il est donc probable qu'au moment où les pots guillochés ont été produits, l'atelier a tenté d'appliquer ce décor sur des bols. Cette production n'a pas eu de succès pour des raisons difficiles à déterminer.

Le cadre chronologique de ce type est donc étroit, entre 40 et 80 ap. J.C. (diagrammes M à O, p. 132, n° 21).

---

[112] GREENE 1979 : p. 21.
[113] MAYET 1975 : forme XLIII ; GREENE 1979 : p. 80, fig. 34, n° 6.

DEUXIEME CHAPITRE

PRODUCTIONS PROBABLES DE L'ATELIER DE LA BUTTE.

(Catalogue p. 169 et 170)

Type XXXVIII

Définition : Gobelet (?), fragment à bord droit mouluré, avec un départ de panse verticale et deux attaches d'anses au niveau supérieure de la panse. (n° 202, p. 169)

Pâte : Teinte beige légèrement verdâtre, fine, dure, calcaire.

Engobe : Marron gris (interne et externe).

Sablage: Interne et externe sauf sur le bord mouluré.

Dimensions : $\emptyset$ B = 10 cm.
 e.B et e.P = 2 mm.

Référence bibliographique :
FILTZINGER 1972 : Tf. 42, n° 27.

Le départ de panse fait supposer une forme plus haute que les bols, par contre le bord mouluré rappelle celui du type XXV c (n° 127, p. 157). Bien que ce fragment ait été trouvé dans un contexte daté de 10 av. / 10 ap. J.C., il doit être plus tardif. En effet, ses caractéristiques techniques le lie aux productions de l'atelier de La Butte : pâte, engobe, sablage[114], bord. Le petit bord mouluré autorise une datation au cours du règne de Tibère, ce qui est le cas pour le vase de Novaesium. Ce vase, rencontré en un seul exemplaire, offre un intérêt particulier

---

[114] Technique qui n'apparaît pas avant Tibère à Lyon. Ce qui se retrouve sur d'autres sites : BEMONT 1976 : p. 260.

car les formes à deux anses sont très rares à Lyon. Contrairement à d'autres types de productions (hispaniques ou italiques) l'atelier lyonnais n'a pas fabriqué de vases portant des anses, si ce n'est à titre exceptionnel.

Type XXXIX et Type XL

Définition : Gobelet (?), fragment à bord droit mouluré, avec un départ de panse arrondie. Le fond doit être plat. La forme générale a sans doute un profil ovoïde. (n° 203 à 205, p. 169)

Pâte : Teinte beige verdâtre, dure, calcaire.

Engobe : Marron à marron gris, externe et interne.

Sablage: Externe toujours, interne, paraît moins fréquent.

Contexte : Type XXXIX : 40 / 50 ap. J.C.
  Type XL   : début IIe siècle ap. J.C.

Références bibliographiques :

GREENE 1979 : p. 78, fig. 33, n° 5.
MAGDALENSBERG 1975 : Tf. 18, n° 93 a.
MAYET 1975 : pl. XXXVIII, forme XXXVI, n° 306 et 307.
PAUNIER 1981 : p. 345, n° 303.

Les trois dessins représentent les seuls fragments trouvés pour ces types. Comme pour le type XXXVIII, leurs caractéristiques permettraient de les attribuer à l'atelier de La Butte dans lequel ils constitueraient certainement une production très faible[115]. Peu de parallèles existent, mais il est intéressant de relever que l'exemplaire donné dans la publication de GREENE 1979 fait partie des productions du Nord de l'Italie (contexte Claude-Néron). La datation proposée par MAYET 1975 pour son type XXXVI et dont notre type XL se rapproche, est plus

---

[115] PAUNIER 1981 : p. 220 confirme que cette forme est très rare.

large mais correspond à celle de la rue des Farges où ce type se situe entre 30 ap. J.C. et 90 ap. J.C.

Une remarque est à faire pour le n° 205, où le sablage s'arrête au niveau d'une strie et non d'une moulure, ce qui est fréquent pour le type XXXIII (p. 65) et qui n'existe jamais sur le type XXV (p. 55).

Le profil de ces gobelets est sans doute, au même titre que les importations, le témoin de contacts de Lugdunum avec la péninsule ibérique dans la deuxième moitié du Ier siècle ap. J.C.

Type XLI

Définition : Fond de vase à l'intérieur duquel un "pédoncule" a été rajouté (n°206, p. 170).

Pâte : Beige verdâtre, fine, dure, calcaire.

Engobe : Marron, externe et interne.

Sablage : Seulement sur la face externe.

Dimensions : Ø F = 4,2 cm.
e.P = 3 mm.

Forme incomplète et originale. Le pédoncule devait peut être servir de support à un autre vase de petite taille. Les caractères techniques et la datation, 50 / 60 ap. J.C. seraient en faveur d'une fabrication de l'atelier de La Butte.

Ce fragment n'a été trouvé qu'en un seul exemplaire rue des Farges, mais un fond identique, malheureusement aussi incomplet, provient de Saint-Romain-en-Gal[116]. Si la datation ne varie pas, la pâte est moins fine mais surtout l'engobe est orangé brillant, teinte qui est fréquente dans le Sud de la Gaule et plus encore en Espagne.

---

[116] Communication orale de M. DESBAT.

Type XLII

Définition : Bol (?) à bord droit lisse. Le profil doit être identique au type XXV (bol à panse hémisphérique). La panse porte un décor de résille. (n°207, p. 170 et p. 191)

Pâte : Beige, fine, dure, calcaire (?).

Engobe : Marron rouge, externe et interne.

Décor : Filets de barbotine formant une résille.

Sablage: Couvrant la surface interne.

Dimensions: Aucune forme complète n'a été identifiée :
e.B et e.P = 2 mm.

Référence bibliographique :
GREENE 1979 : p. 21, fig. 6, n° 9.

Cette forme est rare, ce qui pourrait expliquer son absence des sites comme Vindonissa ou Hofheim. Néanmoins si il est possible que l'atelier de La Butte ait produit ce type, seule une analyse de pâte devrait confirmer la provenance de ces fragments trouvés, l'un dans un contexte 50 / 60 ap. J.C., l'autre daté de la fin du Ier siècle ap. J.C. ou début du IIe siècle ap. J.C.

Type XLIII

Définition :Fragment unique de pot (?) portant un décor figuré sous forme de médaillons. (n° 208, p. 170 et p. 191)

Pâte : Teinte beige, fine, dure, calcaire .

Engobe : Marron gris avec reflets bleutés brillants, couvrant les deux surfaces.

Décor : Pastille de 1,5 cm de Ø, toutes marquées par le même visage dont la chevelure est constituée de deux bandeaux symétriques au dessus du front et à l'arrière peut être d'un chignon.

Références bibliographiques :
LOPEZ MULLOR 1986 : p. 64.
MAYET 1975 : pl. LXXVII, n° 654.

Les caractères définis laissent supposer une provenance de l'atelier de La Butte. Aucun parallèle exact n'a été identifié, ce qui ne peut surprendre dans la mesure où les décors figurés n'ont pratiquement pas été employés sur les parois fines du Ier siècle ap. J.C. Il s'agirait donc d'un vase original et exceptionnel produit par La Butte en 50 / 60 ap. J.C. qui reprend la technique du type XXIX (p.60) pour le décor. L'origine du motif pourrait provenir des lampes puisque cet atelier en a fabriquées. Ce vase devait avoir une forme fermée (pot), qui pourrait se rapprocher de la forme XVIII de MAYET mentionnée par LOPEZ MULLOR.

Type XLIV

Définition : Pot ovoïde à lèvre inclinée vers l'extérieur. Fond plat. Engobé, non sablé. (n° 209 à 210, p. 170 et p. 193)

Pâte : Beige, fine, quelques fois "savonneuse", calcaire.

Engobe : Marron clair à marron, externe et interne.

Dimensions : Ø B = 4 x 6 cm.   e.B et e.P = 2 ou 3 mm.
Ø F = 2 y 4 cm.   e.F = 3 ou 4 mm.
H = 9 cm environ (jamais plus).

Référence bibliographique :
ULBERT 1965 : Tf. 11, n° 12 et 13.

Les variantes de lèvres observées sur le type XXXIV (p. 67) existent également, mais cette forme est beaucoup moins fréquente, cependant il est probable que le même schéma d'évolution lui soit applicable.

Ces pots sont peu soignés. Leur cadre chronologique paraît se situer entre 30 / 40 ap. J.C. et 80 ap. J.C.

TROISIEME CHAPITRE

IMPORTATIONS OU IMITATIONS DE L'ATELIER DE LA BUTTE ?
(Catalogue p. 170)

Pour les raisons précisées p. 42 nous préférons présenter ces parois fines sans provenance déterminée.

Type XLV

Définition : Fragment de gobelet (?) caréné à bord droit marqué d'un léger bourrelet externe. la panse est décorée de mamelons disposés en lignes verticales (n° 211 et 212 p. 170).

Pâte : Beige verdâtre, fine, un peu "savonneuse", calcaire

Engobe : Traces marron, externe et interne

Décor : Mamelons faits à la barbotine

Dimensions : e.B et e.P = 3 mm

Référence bibliographique:

MAYET 1975 : pl. LXIX, forme XLIII ; pl. XLIII, forme XXXVIII B.

Discussion : Voir p. 79.

Type XLVI

Définition : Tasse carénée, à bord incliné vers l'extérieur et fond plat. Le décor végétal, sur la panse, est limité dans la zone supérieure par une strie, à 1 cm. du bord (n° 213 p. 170 et p. 194).

Pâte : Beige verdâtre, fine, dure, calcaire

Décor : Guirlande de feuilles, faite à la barbotine

Dimensions : Ø B = 8 cm   e.B et e.P = 2 mm
                Ø F = 4 cm   e.F = 1 mm
                H = 7,5 cm environ

Référence bibliographique:

MAYET 1975 : pl. LXIX, n° 582.

Discussion : Voir ci-dessous.

Type XLVII

Définition : Tasse carénée, à fond plat, bord droit (?) et possédant deux anses (n°214 et 215 p. 170).

Pâte : Beige rosé, fine, dure, calcaire (?).

Engobe : Rouge orangé à marron orangé, externe et interne.

Dimensions : Ø P = 9 cm   e.P = 2 mm
                Ø F = 3,5 cm   e.F = 4 ou 5 mm

Référence bibliographique :

MAYET 1975 : pl. LXXV, forme XXXVIII.

Le type XLV par sa pâte, son engobe, est tout à fait comparable aux bols de l'atelier de La Butte, mais différent des productions ibériques où l'engobe est essentiellement orangé. L'origine de ce vase pourrait se situer, sans doute, plus dans les ateliers de Bétique que dans celui de Mérida puisque les importations relevées provenaient de Bétique (P. 95 à 99). Ce type, daté de 70 / 90 ap. J.C. rue des Farges, est contemporain des vases hispaniques pour lesquels le décor à mamelons atteint son apogée sous les règnes de Claude-Néron.

Le type XLVI présente un défaut de fabrication puisque le bord n'est pas régulièrement horizontal, ce qui, avec l'aspect de la pâte, est en faveur d'une imitation locale. Imitation probable d'une production de Mérida où cette forme est datée des années 50 à 75 ap. J.C. Le vase de la rue des Farges provient d'un dépotoir daté de 70 / 100 ap. J.C.

Le type XLVII par la pâte, l'engobe, diffère des productions de Bétique. Il est donc possible qu'en voulant imiter ces vases le potier ait fait une cuisson à température moins élevée que pour les autres productions de La Butte, ce qui aurait donné cet engobe de teinte orangée, teinte mate identique à celle des tasses type XXXII. Le parallèle le plus proche provient de Bétique[117] où il est fabriqué à partir du règne de Claude jusqu'à la période flavienne comprise. Les fragments de la rue des Farges sont datés de 70 / 100 ap. J.C.

---

[117] N° a de la page 170 est tiré de la publication de MAYET 1975.: pl. LXXX.

QUATRIEME CHAPITRE

IMPORTATIONS.
(Catalogue P. 171 à 175)

LA GRAUFESENQUE

La Graufesenque, qui fut le centre le plus important de céramique sigillée du Sud de la Gaule au Ier siècle ap. J.C., a fabriqué aussi des parois fines, bien connues surtout à la période de Claude-Néron.

Ce centre se caractérise par les vases moulés, cependant le décor à la barbotine existe aussi. le sablage était fréquemment appliqué sur ces vase, qu'ils soient moulés ou non. Les formes les plus courantes semblent être les bols, mais des pots sablés ou à dépressions sont également sortis de cet atelier.

Un seul fragment, provenant de la Graufesenque, a été identifié parmi les parois fines de la rue des Farges.

Type XLVIII

Définition : Bol à bord droit marqué par une strie et deux moulures, à panse carénée portant un décor moulé. Il est engobé. (n° 216 p. 171 et p.194)

Pâte : Rosée, fine, quelques petits grains blancs sont visibles, dure, calcaire.

Engobe : Jaune foncé, externe et interne.

Décor : Fleurs en rinceaux insérées entre une ligne perlée en haut et quatres lignes perlées en bas dans lesquelles s'intègre une frise de feuilles.

Dimensions : Le tesson trop petit ne permet pas de mesure sinon :
    e.B = 3 mm
    e.P.= 2 à 3 mm

Références bibliographiques:

BEMONT 1978 : fig. 9, p. 9.
ETTLINGER - SIMONET 1952: Tf. II, n° 226.
GREENE 1979: p. 50, fig. 21, p. 51.

De grandes analogies existent entre le fragment trouvé rue des Farges et les descriptions des vases découverts sans la "fosse Malaval" à La Graufesenque et publiée par C. BEMONT. L'auteur distingue deux lots entre lesquels existent une variation de formes et de décors. L'engobe et le décor perlé sont plus proches du groupe néronien, dont pourrait provenir notre vase[118].

A l'inverse de la céramique sigillée, les parois fines de ce centre n'ont été que peu exportées. Toutefois les bols moulés, produits à partir de Claude, ont eu une diffusion plus importante que les bols sablés tibèriens. Ce que tend à prouver des formes identiques relevées à Vindonissa ou en Grande-Bretagne, datées de la période Claude-Néron.

Il n'est donc pas surprenant de trouver un tel fragment rue des Farges dans un contexte 50 / 60 ap. J./C.

Il faut remarquer que les pourcentages de parois fines, de l'atelier de La Graufesenque, ne paraissent pas plus importants à Lyon que dans les régions citées ci-dessus.

---

[118] L'article de MARTIN 1980 présente une série de moules signés pour ces bols décorés ayant été produits à Montans à partir de Claude et avec une très grosse production sous Néron. Notons que des exemplaires Claudiens (fig. 3 p. 245), ont un répertoire décoratif également très proche de notre fragment.

CENTRE DE LA GAULE[117]

Le principal centre de fabrication de céramique connu dans le centre de la Gaule est celui de Lezoux. Toutefois si les productions de céramique sigillée ont été bien étudiées, peu de publications existent sur les parois fines. La seule synthèse tentée est celle de GREENE 1979. L'auteur pense que dès le règne de Claude, cet atelier a pu fabriquer des pots sablés. Mais c'est surtout à partir de Néron que la production semble augmenter, ce que pourrait traduire les exportations retrouvées sur différents sites, notamment en Grande-Bretagne, mais aussi à Vindonissa.

Le matériel de la rue des Farges provient essentiellement de deux dépotoirs dont un est parfaitement daté de 70 / 100 ap. J.C., tandis que l'autre semble posséder une chronologie un peu plus large allant de 70 ap. J.C. jusqu'au début du IIème siècle ap. J.C.

L'origine des vases n'étant pas toujours possible à déterminer avec certitude, les fragments seront présentés par type de pâte (n° 217 à 226 p.171 et p.172).

a) Type XLIX

Définition : Pot ovoïde à fond légèrement concave, la panse est décorée de bandes estampées limitées en bas par deux stries (n° 217 p. 171).

Pâte : Teinte grise, pas très fine, nombreux grains de mica doré.

Engobe : Rouge sur la surface interne et sur la zone lisse de la surface externe. Noir au niveau du décor.

Décor : Bandes "tressées" obliques, estampées.

Dimensions : $\emptyset$ P = 10 cm $\quad$ e.F = 2 mm
$\quad\quad\quad\quad\quad\;\;$ $\emptyset$ F = 4 cm $\quad$ e.P.= 2 à 3 mm

Contexte : 70 / 100 ap. J.C.

---

[117] Titre général, mais si certains critères autorisent une origine plus précise, il en sera fait mention.

Références bibliographiques:

GALLIOU 1980 : p. 242, fig. 38, n° 31.
GOUVERST 1971 : p. 275 à 283.
RITTERLING 1913 : Abb. 92, type 125.

GALLIOU 1980 signale également d'autres[120] références en Grande-Bretagne et à Nijmègue. Ces vases, type "Butt-beaker", ont eu semble-t-il une grande diffusion. malgré la différence de décor (palmettes), l'exemple de Rennes est très voisin du vase de la rue des Farges par ses caractères techniques. L'auteur le fait provenir du centre de la Gaule;

Déposés au musée de Lezoux, deux fragments sont identiques au nôtre. Le premier a pour origine l'atelier de Lezoux à l'époque tibérienne, le deuxième l'atelier de Saint-Bonnet sur Yzeure à la même période. Ainsi la datation proposée par GALLIOU 1980 paraît le confirmer[121].

On peut donc penser que le vase de la rue des Farges est à considérer comme un matériel résiduel.

b) Type L

Définition : Pot ovoïde à lèvre pointue inclinée vers l'extérieur et à fond nettement concave (n°218 à 220 p. 171).

Pâte : Beige, dure, fine, rares petits grains de mica, non calcaire (?).

Engobe : Marron mat, jamais de reflets brillants, externe et interne.

Décor : Chamotte sur la surface externe.

Dimensions : Aucun profil entier n'a pu être reconstitué.
    Ø B = 7 < x < 8 cm   e.B et e.P = 2 mm
    Ø F = 4 cm   e.F.= 2 mm
                                 3 mm vers la jonction avec la panse

Contexte: : 70 / 100 ap. J.C.

---

[120] GALLIOU 1980, p. 227 à 254.
[121] Vases produits durant les quarante premières années du Ier siècle ap. J.C.

Références bibliographiques:

GREENE 1979 : p. 44, fig. 17, n° 3.
MAYET 1980 : p. 211.

La chamotte, comme le sablage sur les pots lyonnais, s'arrête à 1,5 cm environ du bord. Malgré les différences de fond et de lèvre, le profil général de ces pots est très proche des vases de La Butte. En sachant que dès le règne de Tibère il existe des importations lyonnaises à Lezoux[122], peut on supposer également une influence des productions de pots sablés sur ces vases lédoziens ? La datation généralement établie pour ce type[123] (troisième quart du Ier siècle ap. J.C.) pourrait être un argument en faveur d'une influence lyonnaise, car les premiers pots sablés de La Butte sont datés de 20 / 30 ap. J.C.

Les fragments ne sont sans doute pas le témoin d'un début de production, mais peut être d'un commerce plus important. Mais il faut remarquer que durant la même période l'atelier de La Butte ne montre pas une baisse de production.

Type LI

Définition : Fragments de panse à décor d'épingle, appartenant probablement à un pot (n° 221 et 222 p. 171).

Pâte : Beige ocre, dure, pas très fine, quelques grains de quartz et de mica noir(?). Non calcaire (?).

Engobe : Marron foncé mat, externe et interne.

Décor : Filets de barbotine représentant des épingles, qui parfois se chevauchent.

Dimensions : Aucune forme complète n'a pu être identifiée.
    e.P = 2 mm

Contexte : Fin du Ier siècle ap. J.C.

---

[122] VERTET 1971.
[123] Parmi le matériel provenant de la fouille de sauvetage de l'Hôpital de Roanne, de nombreux vases, identiques au type L, sont datés de 50 ap. J.C.

Références bibliographiques :

ETTLINGER - SIMONET 1952 : Tf. II, n° 239.
GREENE 1979 : p. 44, fig. 17, n° 2 et 4.
MAYET 1973-1974 : p. 96 et fig. 4.
MAYET 1975 : p. 211.

L'état trop fragmentaire des tessons ne permet pas de reconstituer un profil entier. Toutefois seul le décor permet d'identifier ici une production lédozienne. En effet, ces "épingles" sont caractéristiques des fabrications flaviennes. Il semble donc que, dès le début de sa production, ce type ait été exporté et que l'un des jalons les plus méridionaux de cette diffusion se rencontre à Saintes (MAYET 1973-1974).

c) Type LII

Définition : Bol à bord droit lisse limité par deux moulures aplaties, décoré de pastilles cloutées (n° 223 p. 171).

Pâte : Orangé, fine, "savonneuse", calcaire (?).

Engobe : Rouge orangé, mat, externe et interne.

Décor : Pastille cloutée de 1,5 cm de diamètre appliquée sur la panse du vase. La surface interne est sablée.

Dimensions : Ø P = 10 cm
   e.B et e.P = 2 mm

Contexte : 70 / 100 ap. J.C.

Il est certain qu'une analyse chimique déterminerait avec certitude l'origine de ce vase. Mais du matériel roannais, daté de 50 ap. J.C. et un vase identique au type XXV de La Butte, vu dans le dépôt de fouilles de Lezoux, présentaient la même pâte et le même engobe. Il est donc possible que l'on soit en présence d'une imitation lédozienne de vase lyonnais.

Ce vase offre une autre intérêt puisqu'il semble être en pâte calcaire, or les céramiques du groupe b, p. 84, sont très certainement en pâte non calcaire. Ce qui prouverait que vers la fin du Ier siècle ap. J.C. l'atelier de Lezoux aurait utilisé indifféremment ces pâtes pour les parois fines. Peut-on associer cette utilisation tardive de la pâte calcaire avec les premières vraies céramiques sigillées qui apparaissent au début du IIème siècle ap. J.C. (?)[124].

d) Type LIII

Définition : Pot ovoïde allongé, à fond concave, à lèvre formée de deux bourrelets (n° 224 p. 172)[125].

Pâte : Teinte brique, fine, dure.

Engobe : Marron tirant vers le gris, avec reflets bleutés brillants, externe et interne.

Décor : Chamotte, externe.

Dimensions : $\emptyset$ B = 7,5 cm environ   e.B = 2 mm
 $\emptyset$ P = 9 cm   e.P = 2 à 3 mm
 $\emptyset$ F = 4 cm   e.F = 2 mm
H. = 11 cm environ

Références bibliographiques :

GOSE 1950 : Tf. 12, n° 188.
GREENE 1979 : p. 45, fig. 18, n° 2.

Ce profil dénote par son allongement une évolution par rapport aux pots sablés du premier groupe. La strie sur le haut de la panse, est intéressante car elle pourrait être la réminiscence de celle qui, sur les pots sablés lyonnais, marquait l'arrêt du sablage.

Cette forme est plus proche des vases du IIème ap. J.C. signalés par GOSE 1950. En l'absence de certitude sur la provenance de cette céramique, on peut seulement constater que le contexte de la rue des Farges est probablement du tout début du IIème siècle ap. J.C.

---

[124] PICON 1970, p. 207 à 218.
[125] Ce profil se retrouve dans la céramique métallescente DESBAT 1978, pl. II, n° 1. Souvent appelée : forme tulipe.

Type LIV

Définition : Pot ovoïde, à lèvre inclinée vers l'extérieur, à fond annulaire concave. La panse porte un décor de petites lignes entre les dépressions (n°225 p.172).

Pâte : Brique, fine, dure, son métallique.

Engobe : Noir irisé, peut-être grésé.

Décor : Dépressions nettement marquées. Les lignes horizontales ont été faites à la barbotine.

Dimensions :   Ø F = 5 cm
　　　　　　　　e.P = 2 à 3 mm
　　　　　　　　e.F = 2 mm

Référence bibliographique: :

SENECHAL 1972 : p. 19.

　　　La tranche du fragment présente un aspect feuilleté : coeur rouge, zones externes noires. Ceci montre, sans doute, une cuisson en mode A. mais la température ayant été élevée, une partie de la pâte a grésé et ne s'est pas réoxydée. En tenant compte de l'engobe grésé nous sommes très proche de la définition proposée par DESBAT 1978 pour la céramique métallescente[126]. Technique que cet auteur attribue a des ateliers élaborés, ayant produit également de la vraie céramique sigillée. Ce qui fut le cas de Lezoux au IIème siècle ap. J.C.
　　　On peut noter aussi que le décor de lignes à la barbotine rappelle celui des épingles.
　　　Rue des Farges ce vase est daté du début du IIème siècle ap. J.C.

---

[126] DESBAT 1978 : p. 40.

Type LV

Définition : Assiette à bord horizontal, sans doute tripode (n° 226 p. 172).

Pâte : Teinte brique, fine, rares petits grains blancs et mica visibles ; dure ; son métallique.

Engobe : Interne : marron rougeâtre
　　　　　Externe : marron gris, en partie grésé.

Décor : Chamotte, externe.

Dimensions :　Ø B = 23 cm　　　　　　　e.B = 3 mm
　　　　　　　　H = 4,5 cm　　　　　　　　e.P = 2 mm

Références bibliographiques::

ETTLINGER - SIMONET 1952: Tf. II, n° 235.
GREENE 1979: p. 44, fig. 5.
SENECHAL 1972 : p. 25, fig. 9.

Cette forme est rare, mais les exemplaires relevés paraissent assez homogènes, si ce n'est le vase de Vindonissa qui présente une pâte claire que l'on pourrait néanmoins rapprocher du groupe b. Homogénéité également dans la chronologie puisque la datation la plus précoce est celle proposée par GREENE 1979 : 65 / 70 ap. J.C., et la plus récente celle de SENECHAL 1972 : Domitien - début du règne de Trajan. Le vase de la rue des Farges s'intègre parfaitement dans ces contextes car il est daté de 70 / 100 ap. J.C.

Les diagrammes L et M p. 131 et 132 prouvent que ces importations du centre de la Gaule ne sont parvenues sur le site qu'à partir de 70 ap. J.C. Les pourcentages des diagrammes P et Q p. 133, traduisent une augmentation très nette au début du IIème siècle ap. J.C. Cependant on peut noter que tous les types, à l'exception du type L, n'étaient représentés qu'en un seul exemplaire.

ITALIE

Peu de centres de production de parois fines sont connus en Italie. les références se font donc généralement par rapport aux fouilles d'habitat ou de nécropoles. Il a ainsi été possible de discerner des aires de diffusion et de proposer la localisation de certains ateliers. GREENE 1979 a procédé de la sorte dans sa publication sur Usk.

Rue des Farges, à partir du règne de Tibère deux groupes de vases ont pu être différenciés en fonction de leur pâte et forme.

a)

Vases sans doute originaires du nord de l'Italie, caractérisés par : une teinte noire[127], un reflet métallique, une paroi très mince qui les font parfois appeler "coquille d'oeuf", une pâte fine.

Tous les exemplaires trouvés rue des Farges présentaient une tranche feuilletée : coeur rouge et surfaces noires[128] (n° 227 à 230 p. 173).

Type LVI

Définition : Gobelet ovoïde à bord finement mouluré, à fond plat. (n° 227, p. 173 et p. 195)

Décor : Stries horizontales et verticales, ces dernière rayonnantes à partir du fond. Comme les autres types, le son est métallique.

Pâte : Dure, très fine, coeur rouge, surface noire.

Contexte : 60 / 90 ap. J.C.

Dimensions : Ø B = 5 cm   e.B et e.P = 1 mm
Ø F = 3,5 cmH = 8 cm   e.F = x < 1 mm
H = 8 cm.

---

[127] D'où l'appelation fréquente de "Terra Nigra" terme utilisé par exemple dans la publication SCHINDLER-KAUDELKA 1975, p. 32, Fabric D.
[128] Est-ce le résultat de la cuisson en mode A d'une pâte non clacaire à très haute température ?

Type LVII

Définition : Bol à bord droit, panse légèrement carénée portant deux fines moulures, à fond plat (n° 228 p. 173 et p. 195).

Pâte : Dure, très fine, coeur rouge, surface noire.

Contexte : 30 / 90 ap. J.C.

Type LVIII

Définition Bol ne se différenciant du premier type que par un décor géométrique, exécuté à la barbotine, entre les deux moulures (n°229 p.173 et p.195).

Pâte : Dure, très fine, coeur rouge, surface noire.

Contexte : vers 60 ap. J.C.

Dimensions : Ø B = 10 cm   e.B et e.P = 1 mm
                Ø F = 4 cm   e.F = x < 1 mm
                H = 5 cm

Type LIX

Définition : Bol à panse carénée, fond plat. Le bord semble mouluré (n° 230 p.173).

Pâte : Dure, très fine, coeur rouge, surface noire.

Décor : Clouté géométrique fait à la barbotine sur la panse.

Contexte : vers 20 ap. J.C.

Dimensions : Ø B = 8 cm environ   e.B et e.P = 1 mm
                Ø F = 6 cm   e.F = x < 1 mm
                H = 8 cm environ

Références bibliographiques:

ETTLINGER-SIMONET 1952: Tf. 13, n° 265.
FILTZINGER 1972 : Tf. 41, n° 15 et 16.
GREENE 1979 : p. 78, fig. 33, n° 1 ; p. 80, fig. 34, n° 1 et 2.
HAWKES-HULL 1947: pl. LIII, forme 64
MAIOLI 1972-1973 : p. 108, p. 113, p. 115, p. 119 et 121.
MAYET 1975 : p 208.
SCHINDLER-KAUDELKA 1975 : Tf. 18, types 95 c et 85.

Le type LVII, le plus fréquent rue des Farges et également celui qui fut le plus exporté semble-t-il, car on le retrouve à Vindonissa, Camulodunum, et au Magdalensberg. La datation du contexte lyonnais, 20 / 30 ap. J.C. n'infirme pas celle de ces sites où cette forme se rencontre dans des niveaux tibèriens. Nous remarquerons cependant que de tels fragments existent aussi rue des Farges dans des niveaux datés de 40 à 70 / 100 ap. J.C.

Le type LVII est original dans la mesure où le décor clouté est peu fréquent durant le Ier siècle ap. J.C. Ce motif paraît reprendre celui qui était appliqué sur les gobelets républicains[129]. Daté, rue des Farges, des années 50 / 60 ap. J.C., ce type se situe parfaitement dans la chronologie proposée par MAIOLI 1972-1973, pour les vases de "type B" c'est-à-dire : début du Ier siècle ap. J.C. jusqu'à la période flavienne.

Le type LVI a été trouvé rue des Farges d'abord dans un contexte 50 / 60 ap. J.C. puis dans une autre date de 70 / 100 ap. J.C. et l'on peut certainement rapprocher ces fragments des vases flaviens de Ravenne en pâte "type B". Toutefois, cette pâte "B" n'étant pas spécifiquement flavienne la première datation des Farges n'est sans doute pas à contester.

Le dernier vase type LIX de ce groupe est encore une fois très proche du matériel de Ravenne parmi lequel on remarque plusieurs vases carénés du début du Ier siècle ap. J.C.. Toutefois les motifs décoratifs sont plus souvent des guillochis ou des dessins végétaux faits à la barbotine. Il provient sur notre site d'un contexte de 15 / 20 ap. J.C.

Les diagrammes J, K et M, p. 131 et p. 132 montrent que ces importations d'Italie du Nord sont régulières de 15 / 20 ap. J.C. jusqu'en 50 ap. J.C. environ.

---

[129] Par exemple, MARABINI MOEVS 1973, pl. 2, forme 1.

Les derniers pourcentages ne doivent pas être considéré comme représentatif d'un matériel résiduel, puisque de tels vases existent à Usk sous Néron, site fondé sous le règne de cet empereur.

Ces quelques types montrent que durant le Ier siècle ap. J.C., des relations existent avec l'Italie du Nord, mais que cela ne semble pas avoir eu de conséquence sur les productions de l'atelier de La Butte. Il est en effet intéressant de remarquer que si MAIOLI 1972-1973 peut établir des correspondances entre les vases de Ravenne et certaines formes métalliques, tel n'est pas le cas pour les productions lyonnaises.

b)
Cet ensemble de vases est traité indépendamment des formes précédentes, en raison de sa provenance (n° 231 à 234 p. 174).

Type LX

Définition : Pot globulaire, à lèvre haute inclinée vers l'extérieur et fond plat. Une anse part sous la lèvre et vient s'accrocher sur la partie la plus large de la panse (n° 231 p. 174 et p. 195).

Pâte : Teinte beige ocre, fine, dure.

Engobe : Il semble qu'un engobe existe sur les deux surfaces, mais un doute persiste car la teinte est proche de la pâte, s'agit-il seulement d'une réaction de surface ?

Dimensions : $\emptyset$ B = 6 cm   e.B et e.P = 2 mm
 $\emptyset$ P = 9 cm   e.F = 3 mm
 $\emptyset$ F = 4 cm
 H = 9,5 cm environ

Type LXI

Définition : Pot globulaire, à lèvre haute inclinée vers l'extérieur marquée par un bourrelet à sa jonction avec l'épaule. Fond plat. La position de l'anse est la même que celle du type LX (n° 232 p. 174 et p. 195).

Pâte : Teinte marron clair, fine, quelques grains de quartz sont visibles.

Surfaces : La surface externe est grise. Il ne semble pas que ce soit un engobe. Cette teinte serait dûe à une réaction de la pâte au contact des cendres durant la cuisson, dont la température n'était pas forcément élevée puisque le reste de la pâte n'est pas grésée[130]

Dimensions : Ø B = 8,5 cm e.B et e.P = 2 mm

Références bibliographiques:

MARABINI MOEVS 1973: forme L, p. 153 ; forme LXVIII, p. 237.
RICCI 1980 : Tav. XXVI.

Les formes relevées à Cosa, datées respectivement de la période tibèro-claudienne et de Claude-Néron montrent clairement une évolution de ce vase. Ce qui n'est pas visible rue des Farges, les deux types ayant été trouvés dans le même contexte : 70 (?) / début du IIe siècle ap. J.C. Seul le type LXI pourrait correspondre à la chronologie proposée.

La localisation du centre de production est, selon RICCI 1980, dans le centre le l'Italie.

Ce profil évoluera peu par la suite et il sera repris en céramique sigillée claire B à la fin du IIème siècle ap. J.C.[131]

---

[130] Renseignement communiqué par M. PICON.
[131] DESBAT 1980.

ESPAGNE

Depuis la publication de MAYET 1975, il a été établi que plusieurs centres de production de parois fines ont existé au cours du Ier siècle ap. J.C. tant en Bétique, qu'à Mérida ou dans les Baléares.

Cependant les vases provenant de la rue des Farges paraissent avoir, en majorité, leur origine en Bétique (n° 235 à 241 p. 175).

Type LXII

Définition : Bol caréné, à lèvre droite ou légèrement marquée par un petit bourrelet, à fond plat (n° 235 à 237 p. 175 et p. 196).

Pâte : Teinte grise[132] parfois orangée, fine, dure.

Surfaces : Aspect rugueux.

Dimensions : Ø B = 9 cm
Ø F = 3 cm
e.B et e.P = 1 mm

Références bibliographiques:

MAYET 1975 : pl. XXXV, forme XXXIV ; p. 149, carte 8.
MAYET 1977 : p. 113, fig. 39, n° 22 à 27[133].

La description de MAYET 1975[134] : "Cette pâte grise ou ocre clair... a été fort bien polie et sa surface lisse est parfois presque brillante." présente quelques variantes par rapport à la nôtre. La chronologie de cette forme XXXIV[135] est comprise entre les règnes de Claude et de Néron. Or, il faut

---

[132] Teinte dûe à une argile réfractaire, la Kaolinite, qui en atmosphère réductrice réagit, à haute température, comme les pâtes non calcaire en présentant un grésage progressif. Renseignement communiqué par M. PICON.

[133] MAYET 1977, p. 111 à 114.

[134] MAYET 1975, p. 69.

[135] MAYET 1975, p. 149.

constater que dans la fouille de la rue des Farges les exemplaires existent déjà vers les années 30 ap. J.C., toutefois après 70 ap. J.C. ils ne se rencontrent plus.

Ces différences de pâte et de chronologie posent un problème qu'au stade de cette étude il est délicat de résoudre, d'autant que F. MAYET pense qu'un seul atelier a fabriqué ces vases, centre à situer vers Cadix. Peut-on émettre l'hypothèse d'un autre centre de production ?

Il faut noter que ce type représente à peu près 60 % du matériel identifié comme importations ibériques rue des Farges.

Type LXIII

Définition : Bol à bord droit souligné par une strie, panse engobée avec un décor perlé (n° 238 p. 175 et p. 196).

Pâte : Beige, un peu rosée, fine, dure.

Engobe : Orange brillant, externe et interne.

Décor : Perles, faites à la barbotine, disposées en lignes horizontales. Sablage interne.

Dimensions : Ø B = 9 cm
e.B et e.P = 2 mm

Référence bibliographique:

MAYET 1975: pl. XLIII, forme XXXVII, p. 152.

Si les exemplaires figurés dans la publication de MAYET 1975 ne possèdent pas de sablage interne, cette technique n'est pas inconnue en Bétique au Ier siècle ap. J.C.

Cependant les principales caractéristiques des productions ibériques se retrouvent sur ce fragment de la rue des Farges. Notamment l'engobe et le décor à la barbotine et plus précisément le décor perlé qui est fréquemment appliqué sur les formes basses[136].

---

[136] MAYET 1975, p. 153

La chronologie généralement proposée : Claude-Néron, est aussi en faveur d'une importation puisque notre vase provient d'un niveau daté de 50 / 60 ap. J.C. environ.

Type LXIV

Définition : Pot à panse très arrondie, à lèvre haute et moulurée, à fond plat. la panse porte un décor perlé (n° 239 p. 175 et p. 196).

Pâte et engobe : Sont identiques à ceux du type LXI.

Décor : Perles exécutées à la barbotine, placées sans ordre sur la panse.

Dimensions : Ø B = 8 cm e.B, e.P, e.F = 2 mm
 Ø P = 11 cm H = 8 cm
 Ø F = 4,50 cm

Référence bibliographique:
MAYET 1975: pl. LIV, forme XL, n° 450, p. 73 et 152.

Bien que le vase donné en référence ait un décor végétal, l'auteur précise que le décor perlé n'est pas spécifique aux bols. Ce critère, les caractères techniques et le contexte 60 / 70 ap. J.C. du niveau où fut trouvé ce vase, rendent très probable l'hypothèse d'une importation de Bétique.

Type LXV

Définition : Pot ovoïde, presque globulaire, à bord haut incliné vers l'extérieur à lèvre moulurée. La panse, dans la zone supérieure, est décorée de cinq rangées d'épines ; la zone inférieure, plus étroite, est marquée par trois stries. Une anse cannelée part de l'épaule et s'accroche à la partie la plus large de la panse (n° 240 p.175 et p.196).

Pâte : Beige, fine, dure.

Engobe : Orangé brillant, externe et interne.

Décor : Lignes alternées d'épines, exécutées à la barbotine.

Dimensions : Ø B = 12 cm   e.B = 2 mm
                Ø P = 13 cm   e.P = 2 à 3 mm
                Ø F = 5 cm   e.F = 3 mm
                H = 12 cm

Références bibliographiques:

AMALGRO BASCH 1955 : p. 247, n° 20.
MAYET 1975: pl. LX, forme XLII, p. 150.
VEGAS 1973: p. 76, type 30.

Cette forme, typique des productions ibériques, apparaît sous le règne de Claude et, est encore largement diffusée sous les flaviens. le vase également d'époque flavienne de la rue des Farges permet d'élargir la carte de répartition proposée par MAYET 1975[130].

Type LXVI

Définition : Fragment d'anse à poucier, décoré d'une volute. Le départ de la panse possède un sablage interne. La lèvre est légèrement inclinée vers l'extérieur (n° 241 p. 175).

Pâte : Teinte beige, fine, dure.

Engobe : Orangé, externe et interne.

Référence bibliographique:

MAYET 1975: pl. XV, forme IX, p. 42.

L'état fragmentaire de ce vase ne permet pas de restituer son profil entier. il est possible que ce type corresponde à la forme IX de MAYET 1975, forme qui aurait emprunté différents éléments aux canthare, *skyphos* ou cratère, puis à la

---

[130] MAYET 1975, p. 150, carte 9.

vaisselle métallique[138]. Des coupes à poucier à la période augustéenne auraient été fabriquées en Italie, cependant l'auteur n'exclut pas une production en Bétique un demi siècle plus tard[139] qui, contrairement aux fabrications augustéennes présenterait des vases avec un engobe (orangé).

Ces remarques, les caractères techniques, et la datation de notre fragment (30 / 40 ap. J.C.) autoriseraient à reconnaître dans ce vase une importation de la Péninsule Ibérique.

Mis à part le type LXII, toutes les autres formes n'ont été trouvées qu'en un seul exemplaire. Compte tenu que des échanges avec la péninsule ibérique sont bien attestés pour les produits de Bétique et les Dressel 20, on aurait pu s'attendre à rencontrer un peu plus de parois fines importées. Les parois fines locales ont certainement "freiné" ces importations.

---

[138] Origines et parallèles sont étudiés par MAYET 1975, p. 35 à 50.
[139] MAYET 1971 : p. 49 et 50.

CINQUIEME CHAPITRE

DIVERS.
(Catalogue p. 176 à 180)

Ce paragraphe, comme pour les parois fines augustéennes, présente des céramiques pour lesquelles, au stade de notre étude, nous n'avons pu déterminer soit la provenance (en majorité), soit préciser la forme.

Type LXVII

Définition : Pot ovoïde, à lèvre horizontale, (pl. XXXIX) (n° 242 à 244 p. 176).

Pâte : Ocre, fine, quelques grains orangés, légèrement "savonneuse".

Engobe : Rouge orangé, externe et interne.

Décor : Sablage externe.

Dimensions : $\emptyset$ B = 5 < x 8 cm
$\emptyset$ F = 4 cm
e.B et e.P = 2 mm

Contexte : 70 / début IIème siècle ap. J.C.

Ces vases proches du type XXXII de La Butte ne peuvent en provenir tant la pâte et la lèvre sont différentes de ses productions.

Type LXVIII

Définition : Pot ovoïde à lèvre légèrement concave et à fond plat (n°245 à 247 p.177)

Pâte : Orangée, dure, fine, parfois quelques grains de quartz ou des grains noirs sont présents.

Décor :: Guillochis, organisés entre des stries, couvrent la panse jusqu'à trois centimètres du fond.

Engobe : Il semble qu'un engobe marron couvre la surface externe, mais il peut s'agir aussi d'un effet de cuisson.

Dimensions : Ø B = 7 cm   e.B et e.P = 2 mm
Ø P = 11 cm   e.F = 3 mm
Ø F = 6 cm   H = 15 cm

Contexte : 70 / fin Ier siècle ap. J.C.

Référence bibliographique:

HAWKES-HULL 1947 : pl. LVII, n° 112, p. 238.

Ces vase différent des productions lyonnaises de La Butte (type XXXV p. 69 et 167) tant par leur lèvre que par leur pâte, certainement non calcaire. Bien que l'atelier de Lezoux ait, à la fin du Ier siècle ap. J.C. utilisé des argiles calcaire ou non, rien ne rapproche ces formes des fabrications du centre de la Gaule.

Type LXIX

Définition : Pot à panse globulaire, lèvre courte inclinée vers l'extérieur et fond mouluré. (n° 248 p. 178)

Pâte : Grise, fine,.

Engobe : Noir surface externe aspect lustré, surface interne, mat.

Décor : La partie haute de la panse porte un décor à la roulette sur cinq lignes.

Dimensions : Ø B = 8,5 cm   e.B = 3 mm
Ø P = 12 cm   e.P = 1 à 2 mm
Ø F = 4 cm   e.F = 3 mm
H = 12 cm

Contexte : 70 / fin Ier siècle ap. J.C.

La finesse de la paroi, le profil globulaire et la datation (70 / fin du Ier siècle ap. J.C.) pouvaient justifier la place de ce vase dans les parois fines. Or, à l'étude, il est probable qu'il fasse partie des premières productions de céramique sigillée claire B, dont les caractères techniques, donnés par DESBAT 1980, sont très proches de notre vase.

Le problème ne peut être résolu sans analyse[140].

Type LXX

Définition : Vase à bord haut concave, limité par de fines moulures. La panse, oblique, se rattache à un pied annulaire (n° 249 p. 178).

Pâte : Beige, pas très fine, nombreux grains de quartz, dure.

Engobe : Orange, externe et interne.

Dimensions : Ø B = environ 22 cm   e.B, e.P et e.F = 3 mm
                Ø F =   6 cm   H = 15 cm

Contexte : 70 / début IIème siècle ap. J.C.

Les caractères techniques seraient en faveur d'une production des ateliers du sud de la Gaule. S'agit-il d'une reprise tardive (en raison de son décor sablé) de la forme X de MAYET 1975[141], fréquente sous le règne d'Auguste dans l'Empire Romain ?

Type LXXI

Définition : Bol (?) à fond plat, sablé à l'intérieur, avec un décor de godrons, faits à la barbotine, sur la surface externe (n° 250 p. 179).

Pâte : Ocre beige, assez grossière.

---

[140] Ce vase est à l'étude au laboratoire de Céramologie de M. PICON. Si l'identification en sigillée claire B s'avère exacte, ce vase donnerait une datation précoce pour ces premières productions.

[141] MAYET 1975, pl. XVII.

Engobe : Orange mal conservé, externe et interne.

Contexte : 50 / 60 ap. J.C.

Type LXXII

Définition : Tasse avec une carène basse, la lèvre est marquée par un bourrelet (n°251 p. 179).

Pâte : Beige rosé, grossière avec quelques grains de quartz et des grains noirs.

Engobe : Rouge, externe et interne.

Contexte : 50 / 60 ap. J.C.

Type LXXIII

Définition : Deux gobelets à bord haut incliné vers l'extérieur, de facture grossière (n° 252 et 253 p. 179).

Pâte : Beige ou beige ocre, pas très fine.

Engobe : Rouge externe et interne.

Contexte : 70 / 100 ap. J.C.

Type LXXIV

Définition : Bol ou tasse, à petite lèvre inclinée vers l'extérieur et fond plat (n° 254 p. 179).

Pâte : Beige, dure, fine.

Contexte : 70 / 100 ap. J.C.

Type LXXV

Définition : Bol à lèvre inclinée vers l'extérieur (n° 255 p. 179).

Pâte : Beige rosé, très grossière, gros grains de quartz

Engobe : Traces rose orangé, externe et interne.

Contexte : 70 / 100 ap. J.C.

Type LXXVI

Définition : Petit pot ovoïde à lèvre inclinée vers l'extérieur, à fond plat.et engobé (n° 256 à 259 p.179).

Pâte : Marron clair, fine.

Engobe : Marron et orangé, externe et interne.

Dimensions : $\emptyset$ B = 5 cm environ   e.B et e.P = 2 mm
 $\emptyset$ F = 2 < x < 3 cm   e.F = 2,4 ou 6 mm
H = 5 cm

Contexte : 40 / début IIe ap. J.C.

Référence bibliographique:

SANTROT 1979 : n° 247 à 249.

Ces pots, souvent appelés pots à onguent, sont datés rue des Farges de 40 à la fin du Ier siècle ap. J.C. Les vases publiés par SANTROT 1979, de même datation, seraient originaires de Montans. Mais il est fort probable que d'autres ateliers aient fabriqué de tels vases. Curieusement l'auteur estime que ces vases ont été cuits en mode C[140].

---

[140] SANTROT 1979, p. 133, note 8.

Type LXXVII

Définition : Bord mouluré et départ de goulot (n° 260 p. 179).

Pâte : Beige, fine.

Contexte : 70 / 100 ap. J.C.

Type LXXVIII

Définition : Fragment de bord droit et de panse avec un décor de guillochis (n° 261 p. 179).

Pâte : Ocre, fine, "savonneuse".

Engobe : Marron à l'extérieur, rouge à l'intérieur.

Contexte : 70 / 100 ap. J.C.

Type LXXIX

Définition : Fragment de fond, trop petit pour être dessiné.

Pâte : Grise, assez fine, siliceuse externe et interne, très cuite, grésé.

Décor : Sablage externe et interne.

Contexte : 15 / 20 ap. J.C.

Type LXXX

Définition : Ampoule souvent appelée balsamaire, existant sous deux formes différentes (n° 262 à 272 p. 180 et p. 197).

Type LXXXa : Le goulot s'élargit vers une panse piriforme. Le pied est haut et se termine par une base assez large (n° 262 à 267, p. 180).

Type LXXXb : Le goulot un peu plus étroit s'élargit vers une panse sphérique. Le fond est plat (n° 268 à 272, p. 180).

Pâte : Teinte généralement grise, parfois tirant vers l'orangé sur le type LXXXb. Pâte très peu calcaire[143].

Engobe : Interne : rouge, marron ou noir
Externe : rouge ou marron, il s'arrête à la base du goulot.

Références bibliographiques:

ALMAGRO BASCH 1955 : pl.Unguëntarios de ceramica.
BEN REDJEB 1978 : p. 123, n° 89 à 92.
ETTLINGER-SIMONET 1952 : Tf. II, n° 236 et 237.
LOESCHKE 1909: Tf. II, types 30 et 31.
LOESCHKE 1942 : Tf. 27, types 28 et 29.
SCHINDLER-KAUDELKA 1975: Tf. 33, types 1 et 2.
SCHONBERGER-SIMON 1976 : type 30.
VEGAS 1973 : fig. 58, n° 3 et 8.
VEGAS-BRUCKNER 1975 : Tf. 91, n° 2, 3, 4, 6.

Très peu de recherches ont été faites sur ces vases. VEGAS 1973[144] pense qu'il existe un petit nombre d'atelier d'où ces ampoules furent exportées. PAUNIER 1981[145], précise que les balsamaires de Genève seraient importés d'Italie ou de Gaule méridionale. Plus proche de Lyon l'atelier de Saint-Romain-en-Gal en a fabriqué (types LXXXa et b)[146]. Les fragments de Lyon en proviennent-ils ?

Le type LXXXa est caractéristique des niveaux des IIème et Ier siècle av. J.C., avec quelques exemples encore au début du Ier siècle ap. J.C. sous le règne de Tibère, à Novaesium ou à Vindonissa. Le type LXXX b a une durée de vie plus courte située entre 50 av. J.C. et 50 ap. J.C., date à laquelle ces formes sont reprises en verre.

---

[143] CaO inférieur à 8 %. Renseignement M. PICON.
[144] VEGAS 1973, p. 149.
[145] PAUNIER 1981, p. 271.
[146] Renseignements M. DESBAT

Rue des Farges, les deux profils se rencontrent dans les mêmes contextes. la faible quantité des fragments retrouvés ne permettaient pas de calcul de pourcentages. On peut toutefois remarquer que dans le dernier niveau où ces ampoules apparaissent, seul le type LXXXb a été identifié. C'est donc bien après 40 / 50 ap. J.C. que ces ampoules semblent disparaître.

CONCLUSION

La définition proposée au début de ce travail s'est, par la suite, adaptée à bien des vases : bols, gobelets, tasses, pots et même assiette[147]. Mais nous n'avons jamais rencontré de marmite, de grand plat par exemple. Aucun des fragments, non plus, ne présentaient de traces de feu. Ces vases n'étaient donc pas destinés à la préparation du repas. De plus leurs dimensions sont généralement faibles, ce qui ne leur permettait pas de contenir de gros aliments. Néanmoins c'est une vaisselle de table dont la fonction paraît être celle indiquée par MAYET[148] : sans doute, vase à boire. Ce que suggèrent les gobelets ou les bols. Mais, on peut avoir, il est vrai des gobelets en céramique sigillée ou des gobelets d'Aco en céramique plombifère. Il serait ainsi, comme pour la céramique métallescente, la sigillée claire B par exemple, plus logique de définir nos vases en se référant à leurs caractéristiques techniques. Mais là, existe une impasse tant les critères ont changé entre le Ier siècle av. J.C. et le Ier siècle ap. J.C. Il existe donc un consensus, quant au répertoire défini par ce terme de parois fines, plus généralement accepté que celui de vase à boire, trop restrictif à notre avis.

Il convient de relever les modifications qui ont affecté ces céramiques. Cette recherche a été facilitée par l'approche des productions lyonnaises.

I.) L'étude de la pâte est significative. Les ateliers de Loyasse et de La Muette ont utilisé des pâtes non calcaire[149]. Il est intéressant de noter que le bol gris, type VIII, rarement présenté comme production lyonnaise, a été fabriqué à partir 15 ap. J.C. jusqu'en 40 ap. J.C.(p. 39 et 152). Ceci signifie donc, qu'un atelier a continué une production de parois fines en pâte non calcaire alors que l'atelier de La Butte fonctionne déjà en utilisant une argile calcaire. Les bols de La Butte (type XXV) ne supplanteront pas ce bol gris (type VIII) au début de leur production, ils seront même minoritaires (diagrammes J à L, p. 131).

II.) Les formes également montrent un changement sinon une évolution. Les gobelets (types I, I a et I b, p. 21 et p. 140 à 144) ne sont pas repris par l'atelier de La Butte, par contre les bols se sont maintenus, mais sous une forme moins haute (type XXV de La Butte, p. 55 et 157). Enfin, de nouvelles formes apparaissent telles les pots tripodes ou les tasses (types XXXI, p. 62 et p. 159 et XXXII, p. 63 et p. 160 à p. 161).

---

[147] Bien qu'elle ne soit représentée que par un seul exemplaire.

[148] MAYET 1975 : p. 2 à 10.

[149] De très rares tessons en pâte calcaire auraient cependant été trouvés dans la fouille de l'atelier de La Muette. Renseignement communiqué par M. J. LASFARGUES.

III.) L'engobe : Cette caractéristique est certainement liée à celle de la pâte. Rares sont les vases engobés appartenant aux ateliers de Loyasse ou de La Muette[150], alors que toutes les productions de La Butte (excepté le type XXXIIIc) ont un revêtement argileux. L'imperméabilité des vases, obtenue lors du grésage des pâtes non calcaire à haute température, était dûe à la présence d'un engobe sur les pâtes calcaires.

IV.) Décor : Le répertoire des décors s'est modifié au cours des années. Si les ateliers de Loyasse et de La Muette ont utilisé le décor moulé pour les gobelets d'Aco, le premier centre ne semble avoir fait usage de la barbotine que pour le type VII[151] et le deuxième ne se sert, sans doute, que du décor strié. A l'inverse l'atelier de La Butte possède un répertoire décoratif plus varié : sablage, motifs exécutés à la barbotine (écailles, crépis, pastilles...), guillochis ou dépressions. Certaines caractéristiques peuvent être un élément chronologique pour la datation de certains vases, par exemple : la strie sur le type XXXIII c qui dans la production du type XXXIII apparaît vers 50 ap. J.C.

Ces caractéristiques définies et sachant que l'atelier de La Muette est une succursale d'Arezzo, peut-on entrevoir des influences issues d'autres régions. La difficulté réside dans le manque de publications[152] et le petit nombre d'ateliers connus en Italie. Il est nécessaire de passer par le site du Magdalensberg (approvisionné dès 25 av. J.C. par l'Italie du Nord) ou par le matériel des nécropoles du Tessin. Il apparaît ainsi, que le bol gris (type VIII, fabriqué vers 15 av. J.C., jusqu'à 40 ap. J.C.) traduit une influence de l'Italie du Nord à <u>Lugdunum</u> au moment où l'atelier de La Muette va cesser son activité et où l'atelier de la Butte commence la sienne, cela apparaît nettement sur le tableau des datations (p. 187). L'Italie centrale se manifeste par la céramique sigillée, bien évidemment, mais aussi par le gobelet type VII (p. 37), originaire probablement de la région de Rome. Ces constatations sont-elles le reflet d'un déplacement d'influences ?

Pour l'atelier de La Butte, dont la période de production, affinée grâce à cette étude, débute vers 30 ap. J.C. et se termine sans doute au tout début du IIe siècle ap. J.C., il est plus difficile de reconnaître les ascendants qui ont pu agir. Car, comme le signale MAYET[153], au Ier siècle ap. J.C. de nombreux centres de

---

[150] L'atelier de Loyasse paraît avoir fabriqué un peu plus de parois fines engobées que l'atelier de La Muette.
[151] Si il s'avère qu'il s'agit bien d'une production lyonnaise comme nous le supposons.
[152] Excepté les gobelets d'Aco. Se reporter à la page 28.
[153] MAYET 1980 : p. 207.

production de parois fines se créent. La chronologie fine de ces fabrications est mal connue. Toutefois, il est possible de constater, à part le type XXV, une certaine originalité dans les vases de cet atelier. En effet, ni les formes carénées de Ravenne, ni les décors végétaux ou les vases à anse d'Espagne, ni les vases moulés du Sud de la Gaule n'ont été fabriqués à Lyon. Ainsi, la multiplication des centres a entraîné une diversification des formes et décors, qui ne permet pas, au stade de cette recherche, d'identifier une influence avec certitude. Une recherche plus approfondie apporterait les arguments nécessaires.

Formes, décors et pâtes ont permis de reconnaître quelques importations, essentiellement à partir du Ier siècle ap. J.C.[154], provenant d'Italie, d'Espagne, du centre de la Gaule (et d'autres régions non reconnues). Mais est -il possible de conclure à d'importants échanges ?
Si il est vrai que de nombreuses amphores de Bétique ont été trouvées à Lyon, ces dernières avaient un contenu, ce qui n'est pas le cas pour les parois fines. Ces vases ne devaient parvenir à Lugdunum que sous forme de complément de chargement.
Les pourcentages de ces importations sont faibles, une étude des échanges commerciaux nécessiterait de considérer bien d'autres critères. Cependant on peut déjà noter que si les importations du centre de la Gaule se rencontrent dès 70 ap. J.C., cela ne signifie pas une baisse, voire même un arrêt[155], de production de l'atelier de La Butte qui semble être en activité, sans doute jusqu'au tout début du IIe siècle ap. J.C.

Les parois fines de la rue des Farges permettent de mieux connaître les productions des ateliers lyonnais, de présenter de nouvelles formes lyonnaises (type VIII ou type XXXII par exemple), d'affiner une chronologie (atelier de La Butte) et de remarquer quelques relations commerciales. Mais cette étude devra être complétée par de futures recherches qui modifieront, certaines conclusions et permettront, sans doute, d'expliquer le changement de technique apparût vers 20 ap. J.C. Est-elle le résultat d'une influence, la conséquence de problèmes techniques ou est-elle dûe à une modification des goûts de la table ?

---

[154] La plus grande facilité d'identification est le résultat de la multiplication des ateliers dont les productions se différencient.
[155] GREENE 1979 : chapitre I.

BIBLIOGRAPHIE

Abréviations :

B.J. : Bonner Jarbücher des Rheinischen Landesmuseums in Bonn und des Vereins von Altertumsfreunden im Rheinlande.

P.B.S.R. : Papers of the Britisch School at Rome.

R.A.C. : Revue Archéologique du Centre (de la France).

R.C.R.F. : Rei Cretariae Romanae Fautorum acta.

R.A.E. : Revue Archéologique de l'Est et du Centre-Est.

****

ALMAGRO BASCH	1955	ALMAGRO BASCH, M. *Las Necropolis de Ampurias*, Monographias Ampuritanas III, Barcelone, 1953 et 1955.
AUDIN	1979	AUDIN, A., *Lyon Miroir de Rome*, Paris, 1979.
BEMONT	1976	BEMONT, C., "Vases à parois fines de Glanum, formes et décor", *Gallia*, T. XXXIV, fasc.1 (1976), p. 237 - 278.
BEMONT	1978	BEMONT, C., "Fabrication de vases à parois fines à la Graufesenque", *R.C.R.F.*, acta XXI/XXII (1982), p. 7 - 15.
BEN REDJEB	1978	BEN REDJEB, T., "Découverte d'un nouveau quartier Romain d'Amiens à la gare routière", *Cahiers Archéologiques de Picardie*, n° 5 (1978), p. 177 - 198.
CANAL-TOURRENC	1979	CANAL, A. et TOURRENC, S., Les ateliers de potiers trouvés à Saint-Romain-enGal, *Figlina* 4, 1979, p. 85 à 94.
CARANDINI	1976	CARANDINI, A, Intervention dans MAYET, F. "Céramiques à parois fines", *A propos des Céramiques de Conimbriga*, Publication du Centre Pierre Paris, Bordeaux, (1976), p. 89 - 95.
CARANDINI	1977	CARANDINI, A., "La Ceramica a pareti sottili de Pompei e del Museo Nazionale di Napoli", dans *L'instrumentum Domesticum di Encolaro e Pompei nella prima eta Imperiale*, Rome, 1977, p. 25 - 30.
DECHELETTE	1904	DECHELETTE, J., *Les vases céramiques ornés de la Gaule Romaine (Narbonnaise, Aquitaine, Lyonnaise)*, Paris, 1904.

DESBAT	1978	DESBAT, A., "La Céramique à vernis noir, Metallescente de la Rue des Farges", *Bulletin de liaison de la Direction des Antiquités Historiques, Rhône-Alpes*, n° 8, (1978), p. 40 - 47, pl. I - IV.
DESBAT	1980	DESBAT, A., *Les Céramiques Rhodaniennes à vernis argileux dites Sigillées Claire B ou luisantes,* Thèse IIIe cycle, Lyon, 1980.
DESBAT	1984	DESBAT, A., *Les fouilles de la rue des Farges,* 1974 - 1980, Groupe Lyonnais de Recherche en Archéologie Gallo-Romaine, Lyon, 1984.
DESBAT	1985	DESBAT, A., "L'atelier de Gobelets d'Aco de Saint-Romain-en-Gal (Rhône), *S.F.E.C.A.G., Actes du Congrès de Reims,* 16 - 19 Mai 1985, Marseille, 1985, p. 10 - 14.
DESBAT	"1986"	DESBAT, A., Etablissements Romains et précocement Romanisés de Gaule Tempérée; Rapport présenté à la Table Ronde : Gaule Interne et Gaule Méditeranéene au IIe et Ier av. J.C., Valbonne, Novembre 1986, à paraître.
DESBAT-SAVAYGUERRAZ	1986	DESBAT, A. et SAVAY-GUERRAZ, H., Les productions céramiques à vernis argileux de Saint-Romain-en-Gal.", *Figlina 7*, (1986), p. 91 - 104.
DUMOULIN	1965	DUMOULIN, A. "Les puits et les fosses de la Colline Saint-Jacques à Cavaillon (Vaucluse)", *Gallia*, T. XXIII, fasc. 1, (1965), p. 1 - 85.
DUNCAN	1964	DUNCAN, G.C., "A Roman Pottery near Sutri", *P.B.S.R.*, XXXIII, (1964), p. 38 - 88.
ETTLINGER	1949	ETTLINGER, E., *Die Keramik der Augster Thermen*, Monographier zur Ur und Fruhgeschichte der Schweiz, vol. 6, Bâle, 1949.
ETTLINGER-SIMONETT	1952	ETTLINGER, E., UND SIMONETT, CH., *Römische keramik aus dem Schutthugel von Vindonissa* (Veröffentlichungen der Gesellschaft pro Vindonissa, II), Bâle, 1952.
FELLMAN	1955	FELLMAN, R, *Basel in Römischer Zeit,* Bâle, 1955.
FILTZINGER	1972	FILTZINGER, Ph., Novaesium V, Die Romische Keramik aus dem Militarbereich von Novaesium, *Limesforschungen Bd XI*, Berlin, 1972.

FINGERLIN	1970-71	FINGERLIN, G., Dangstetten Ein Augusteisches legionslager am Hochrheim (Vorbericht uber die Grabunger 1967-1969), *Bericht der Römisch germanischen kommission*, 51-52, 1970-1971, p. 197-232.
FINGERLIN	1986	FINGERLIN, G., *Dangstetten I*, (Forschungen und Berichte Zur ur - und Frühgeschichte in Baden - Wurttemberg), Stuttgart, 1986.
FIORI-JONCHERAY	1975	FIORI, P. et JONCHERAY, J.P., L'épave de la Tradelière, *Cahier d'Archéologie Subaquatique*, n° IV, (1975), p. 58 -67.
GALLIOU	1980	GALLIOU, P., Céramiques Romaines précoces de Rennes, la civilisation des Riedones", *Archéologie en Bretagne*, Sup. 2, (1980), p. 227 - 254.
GOSE	1950	GOSE, E., Gefästypen der romische Keramik in Rheinland", *B.J.*, Beiheft I, Kevelear, 1950.
GOURVEST	1971	GOURVEST, J., "Gobelets et urnes ovoïdes type Butt-Beaker et Terra Nigra de Chateaumeilland (Cher)", *R.A.C.*, n° 39 - 40, (1971), p. 275 - 283.
GREENE	1972	GREENE, K., *Guide to pre-flavien fine wares, (c.a.d. 40 - 70)*, Cardiff, 1972.
GREENE	1972-73	GREENE, K., "Seven pre-flavien moulded cups from Britain", *R.C.R.F.*, acta. XIV / XV, (1972-1973), p. 48 - 54.
GREENE	1979	GREENE, K., *The pre-flavien fine wares, report on the excavations ar Usk*, 1965 - 1976, Cardiff, 1979.
HAGEN	1912	HAGEN, J., "Augustische Töpferei auf dem Fürstenberg", *B.J.*, 122, (1912), p .343-362.
HAWKES-HULL	1947	HAWKES, C.F.C., and HULL, M.R., Camulodunum, *first report on the excavation at Colchester, 1930 - 1939.*, (Reports of the Research Society of Antiquaries of London, n° XIV), Oxford, 1947.
HEUKEMES	1964	HEUKEMES, B., *Römische Keramik aus Heidelberg*, Bonn, 1964.
JADIS	1984	*Jadis rue des Farges, Archéologie d'un quartier de Lyon Antique*, Catalogue d'Exposition, Groupe Lyonnais de Recherche en Archéologie Gallo-Romaine, Lyon, 1985.

LABROUSSE	1948	LABROUSSE, M., "Les fouilles de Gergovie", *Gallia*, T. VI, (1948), p. 72 - 84.
LASFARGUES	1973	LASFARGUES, J. "Les ateliers de potiers lyonnais, étude topographique", *R.A.E.*, 3 - 4, T. XXIV (1973), p. 525 -535.
LASFARGUES-PICON	1974	LASFARGUES, J. et PICON, M., "Transfert de moules entre les ateliers d'Arezzo et de Lyon", *R.A.E.*, T. XXV - fasc. 1, (1974), p. 61 - 69.
LASFARGUES-VERTET	1967	LASFARGUES, J. et VERTET, H., "Les frises supérieures des gobelets d'Aco", *R.A.C.*, T. VI, (1967), p. 272 - 273.
LASFARGUES-VERTET	1968	LASFARGUES, J. et VERTET, H., "Observations sur les gobelets d'Aco de l'atelier de la Muette", *R.A.C.*, T. VII, (1968), p. 35 - 44.
LASFARGUES-VERTET	1970	LASFARGUES, J. et VERTET, H., "Les gobelets à parois fines de La Muette", *R.A.C.*, T. XXI, (1970), p. 222 - 224.
LASFARGUES-VERTET	1972	LASFARGUES, J. et VERTET, H., "Remarques sur les filiales des ateliers de la Vallée du Pô à Lyon et dans la vallée de l'Allier", *I. Problemi della ceramica romana di Ravenna delle valle Padana e dell'alto Adriatico*, Atti del Convigno Internazionale, Ravenne, Mai 1969, Bologne, 1972.
LASFARGUES-VERTET	1976a	LASFARGUES, J. et VERTET, H., "Les Estampilles sur sigillée lisse de l'atelier de la Muette de Lyon", *Figlina* I, (1976), p. 39 - 87.
LASFARGUES-VERTET	1976b	LASFARGUES, J. et VERTET, H., "L'atelier de potier augustéen de la Muette à Lyon", *Notes d'Epigraphie et d'Archéologie Lyonnaises*, Lyon, (1976), p. 61 - 80.
LOESCHCKE	1909	LOESCHCKE, S, *Keramische Funden in Haltern*, Mitteilungen der Altertumskommission für Westfalen, V, 1909.
LOESCHCKE	1942	LOESCHCKE, S, *Die Römische und die Belgische Keramik aus Oberaden nach der Funden der Ausgrabungen vor Albert Baum*, Das Römerlager in Oberaden II, Dortmund, 1942.
LOPEZ MULLOR	1986	LOPEZ MULLOR, A., "Produccion e importacion de ceramicas de paredes finas en Cataluna", *S.F.E.C.A.G., Actes du Congrès de Toulouse, 9 -11 Mai 1986*, Marseille, 1986, p. 57 - 72.

MAGER UND ROTH	1941	MAGER, R., ROTH, H., Frühromische Funde aus Friedberg (Hessen) 29, *Bericht der römisch germanichen Kommission 1939*, Berlin, 1941.
MAIOLI	1972-73	MAIOLI, M.G., "Vasi a paretti sottili grigie dal Ravennate", *R.C.R.F.*, acta XIV/XV, (1972-1973), p. 106 - 124.
MARECHAL-MAYET	1980	MARECHAL, R. et MAYET, F., "Céramiques à parois fines et gobelets d'Aco à Ruscino", *Château Roussillon, Perpignan (Pô), Etudes Archéologiques I*, Paris, 1980, p. 245 - 269.
MARABINI MOEVS	1973	MARABINI MOEVS, M.T., *The Roman thin walled pottery from Cosa*, American Academy in Rome, Mémoirs. Rome, 1973.
MARTIN	1980	MARTIN, T., "Quelques décorateurs de vases à parois fines de Montans (Tarn) Congrès National des Sociétés Savantes, Nancy-Metz, 1978, *Etudes Archéologiques,* Paris 1980), p. 239 - 264.
MARTIN BUENO	1975	MARTIN BUENO, M.A., *Bilbilis, Estudio Historico - Arqueologico,* Zaragoza, 1975.
MAYET	1971	MAYET, F., "Deux coupes à "parois fines" de l'époque augustéenne", *Mélanges de la Casa Velasquez*, T. VII, (1971), p. 35 - 50.
MAYET	1973-74	Mayet, F., *La Céramique à parois fines à décor non moulé du Musée de Saintes*, Recueil de la Société d'Archélogie et d'Histoire de la Charente-Maritime et section Archéologique de Saintes, T. XXV, 1973-1974, p. 91-100.
MAYET	1975	MAYET, F., *Les céramiques à parois fines dans la Péninsule Ibérique,* Paris, 1975.
MAYET	1976	MAYET, F., Céramiques à parois fines, *A propos des Céramiques de Conimbriga,* Publication du Centre Pierre Paris, Bordeaux (1976).
MAYET	1977	MAYET, F., "L'épave de port Vendres II et le commerce de la Betique à l'époque de Claude", *Archeonautica I*, Paris, (1977), p. 111 - 114.
MAYET	1980	MAYET, F., "Les Céramiques à parois fines : Etat de la question", Céramiques Hellénistiques et Romaines, *Annales littéraires de l'Université de Besançon*, vol. 36, (1980), p. 201 - 221.

MOREL	1977	MOREL, J.P., Compte rendu du livre de MARABINI MOEVS, M.T., *The Roman thin walled pottery from Cosa*, (American in Rome, Memoirs), Rome, 1973, dans *Revue Archéologique*, fascicule I, (1977), p. 154 - 156.
PAUNIER	1981	PAUNIER, D., *La céramique Gallo-Romaine de Genève*, Genève, 1981.
PEACOCK	1977	PEACOCK, P-S, *Pottery and early commerce*, Academic Press, London, 1977.
PELLETIER	1967	PELLETIER, R., "Matériel du nouveau cimetière de Loyasse", *R.A.C.*, VI, (1967), p. 337 - 338.
PERICHON	1964	PERICHON, R., "Observations sur quelques vases sablés recueillis à Roanne", *R.A.C.*, III, (1964), p. 155 - 162.
PICON	1973	PICON, M., *Introduction à l'étude technique des céramiques sigillées de Lezoux*, Centre de Recherches sur les Techniques Gréco-Romaines, 2, Dijon, 1973.
PICON-VERTET	1970	PICON, M. et VERTET, H., "Composition des premières sigillées de Lezoux et le problème des céramiques calcaires", *R.A.E.*, T. XXI, (1970), p. 207 - 218.
PICON-VICHY	1974	PICON, M. et VICHY, M., "Recherches sur la composition des céramiques de Lyon", *R.A.E.*, XXV, fasc. 1, (1974), p. 37 - 59.
RICCI	1980	RICCI, A., "I vasi a pareti sottili." Merci, mercati e scambi nel Mediterraneo, *Societa Romana e produzione Schiavistica II*, Rome, 1980, p. 125 - 138.
RITTERLING	1913	RITTERLING, E., 'Das Frührömische Lager bei Hofheim im Taunus", *Ann. Ver. Nassau, Altertumskde, Gesch. Forsch.*, 40, (1912), Wiesbaden, 1913.
SANTROT	1979	SANTROT, M.H. et J., *Céramiques Communes d'Aquitaine*. Paris, 1979.
SENECHAL	1972	SENECHAL, R.,*Contribution à l'étude de la Céramique Metallescente recueillie à Alesia*, Centre de Recherches sur les Techniques Gréco-Romaines de Dijon, I, Dijon, 1972.
SCHONBERGER-SIMON	1976	SCHONBERGER, H. et SIMON, H-G,Römelager Rödgen, *Limesforschungen* Bd. 15 - Berlin, 1976.

SCHINDLER KAUDELKA 1975 SCHINDLER KAUDELKA, V-E, *Die Dünnwandige Gebrauchskeramik von Magdalensberg*, Klagenfurt, 1975.

SIMONET 1941 SIMONET, CH., *Tessiner Gräbelder, Ausgrabungen des Arcäologischen Arbeitsdienstes in Solduno, Locarno, Muralto, Minusio und Stabio, 1936 und 1937*, (Monographien zur Ur und Frühgeschichte der Schweiz, III), Bâle, 1941.

STENICO 1963-64 STENICO, A. "Localizzate a Cremona una produzione de Vasellame", "Tipo Aco"", *R.C.R.F.*, acta V / VI, (1963 - 1964), p. 51 - 59.

STEYERT 1895 STEYERT, M., *Nouvelle Histoire de Lyon*, I, Paris, 1895.

ULBERT 1965 ULBERT, G., *Der Lorenzberg bei Epfach*, Die Frühromische Militärstation, Munich, 1965.

ULBERT 1969 ULBERT, G., Das Frühromische Kastell Rheingoheim, Die funde aus den Jahren 1912 und 1913. Limesforschungen, Berlin, 1969.

VEGAS 1963-64 VEGAS, M., "Difusion de algunas formas de vasitos de paredes finas", *R.C.R.F.*, acta V/VI, (1963 - 1964), p. 61 - 83.

VEGAS 1969-70 VEGAS, M., "Aco Becher", *R.C.R.F.*, acta XI/XII, (1969 - 1970), p. 107 - 124.

VEGAS 1973 VEGAS, M., *Ceramico Comun romana del Mediterraneo occidental*, (Publicaciones eventuales n° 22), Barcelone, 1973.

VEGAS - BRUCKNER 1975 VEGAS, M. et BRUCKNER, A., Novaesium VI, Die Augustische Gebrauchskeramik von Neuss - Gebrauchskeramik aus Zwei Augustischen Töpferöfen von Neuss, *Limesforschungen*, Bd. 14., Berlin, 1975.

VERTET 1971 VERTET, H. "Remarques sur l'influences des ateliers céramiques de Lyon sur ceux du Centre et du Sud de la Gaule", *R.C.R.F.*, acta XIII, (1971), p. 92 - 111.

VETTERS-PICCOTTINI 1980 VETTERS, H. und PICCOTTINI, C., *Die Ausgrabungen auf dem Magdalensberg, 1973 bis 1976*, Klagenfurt, 1980.

VOGT 1948 VOGT, E., *Der Lindenhof in Zürich*, Zürich, 1948.

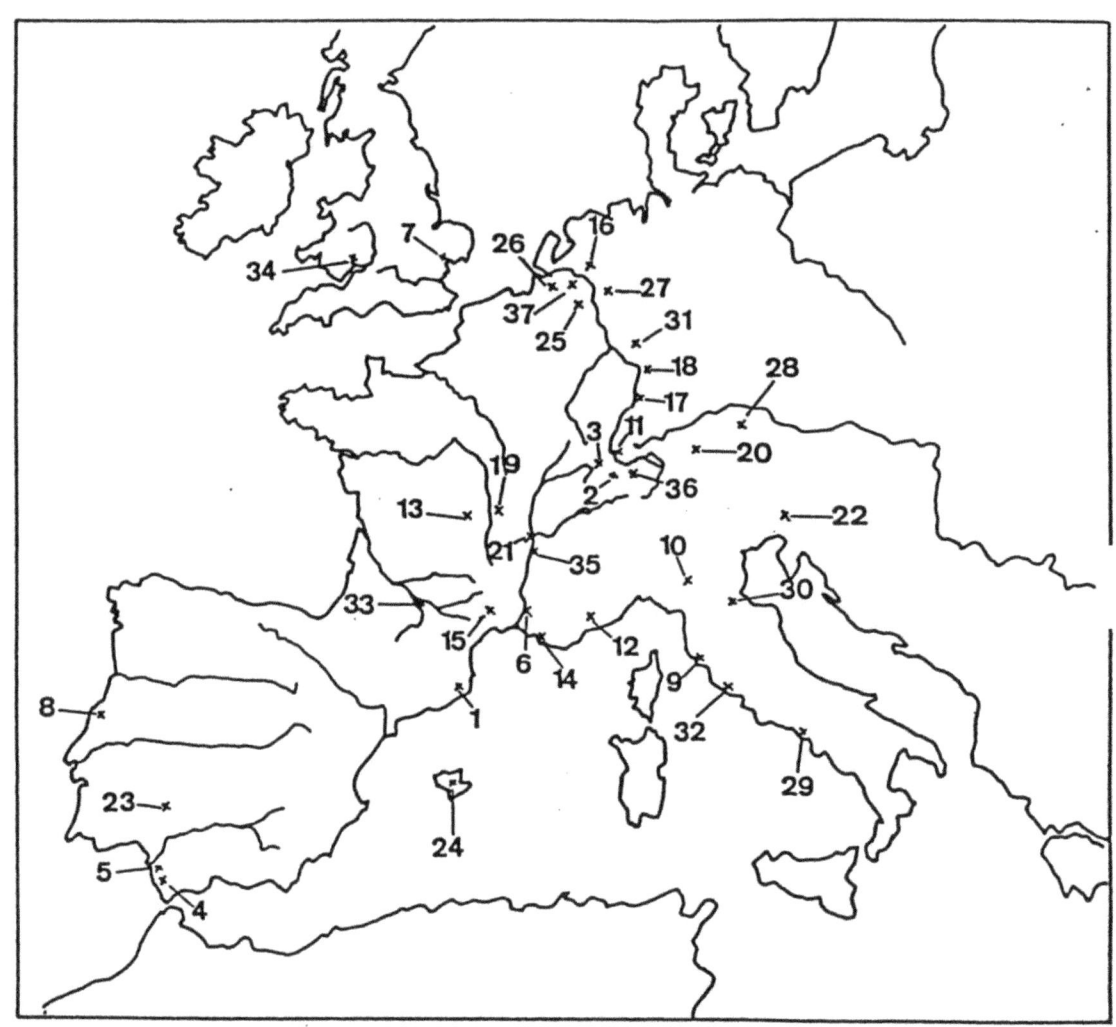

Carte des sites mentionnés

1. AMPURIAS
2. AUGST
3. BALE
4. BELO
5. CADIX
6. CAVAILLON
7. COLCHESTER
8. CONIMBRIGA
9. COSA
10. CREMONA
11. DANGSTETTEN
12. FREJUS
13. GERGOVIE
14. GLANUM
15. LA GRAUFESENQUE
16. HALTERN
17. HEIDELBERG
18. HOFHEIM
19. LEZOUX
20. LORENZBERG
21. LYON
22. MAGDALENSBERG
23. MERIDA
24. MAJORQUE
25. NEUSS
26. NIJMEGUE
27. OBERADEN
28. OBERHAUSEN
29. POMPEI
30. RAVENNE
31. RODGEN
32. SUTRI
33. TOULOUSE
34. USK
35. VIENNE
36. VINDONISSA
37. XANTEN

ANNEXES

A 4. (1 ---> 4) A 12. 0 A 4. C N	20 / 10 av. J.C.
B 1. 5	→ 10 av. J.C. / 0
B 6. 11 B 9. 2 B 17. 15	0 / 10 ap. J.C.
B 9. 3 B 3. 27	15 / 20 ap. J.C.
B 8. S3. 7 B 13. S2. 5 B 26. E. 4 B 14. 31 A 14. 11	20 / 30 ap. J.C.
B 12 (8 ---> 12) B 13. S2. 9 B 10. 1	30 / 40 ap. J.C.
B 28.S.W.6 D 1. 1	40 / 50 ap. J.C.
E 10. 20 C 1	50 / 60 ap. J.C.
B 14. 15 B 6	60 / 80 ap. J.C.
B 20	→ 70 / 100 ap. J.C.
B 23	→ 70 / début IIe siècle ap.J.C.

Liste et datation des contextes stratigraphiques

I

Diagrammes des pourcentages
des différentes catégories de céramiques dans les
contextes pris en compte pour l'étude

A. : Amphore

C.C. : Commune Claire

C.G. : Commune Grise

C.R. : Commune Rouge

D. : Dolium

E. : Engobé

I.N. : Imitation à Vernis Noir

I.R. : Imitation à Vernis Rouge

L. : Lampe

P. : Peinte

P.B. : Plombifère

P.F. : Parois Fines

S. : Sigillée

T.N. : Terra Nigra

V.R.P. : Vernis Rouge Pompeien

Légende des diagrammes A à F

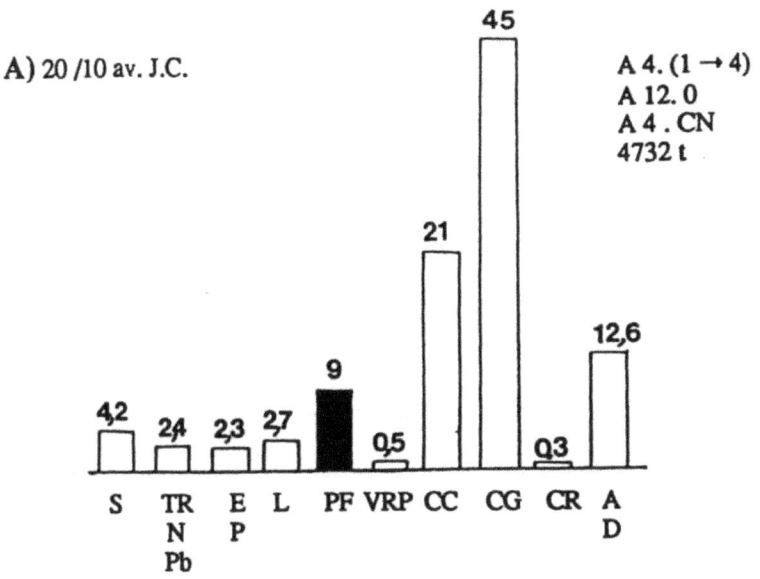

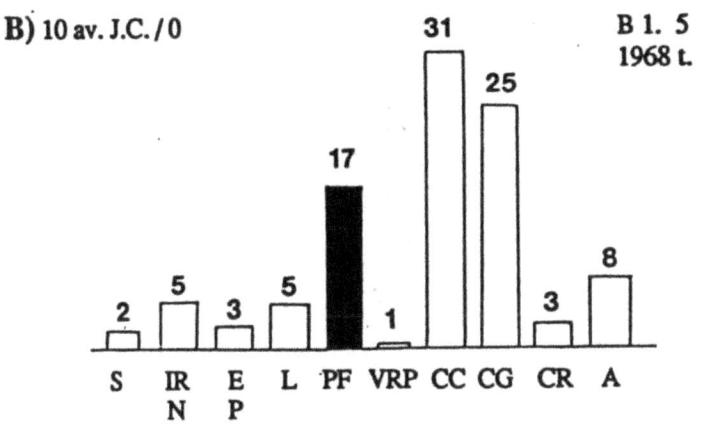

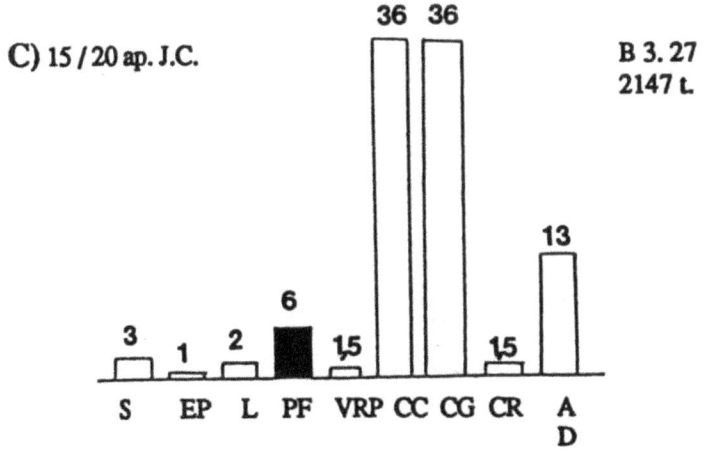

D) 30 / 40 ap. J.C.   B 10. 1
1527 t.

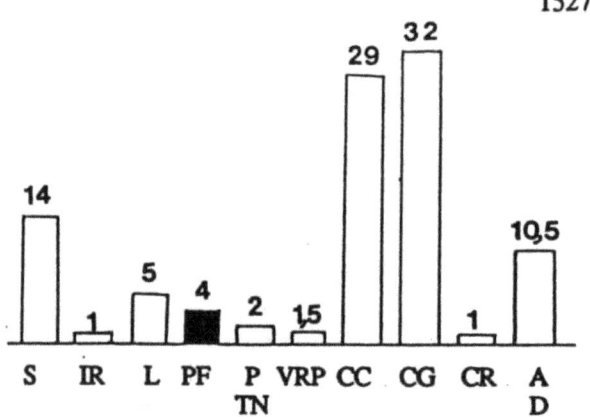

E) 40 / 50 ap. J.C.   D 1. 1
1042 t.

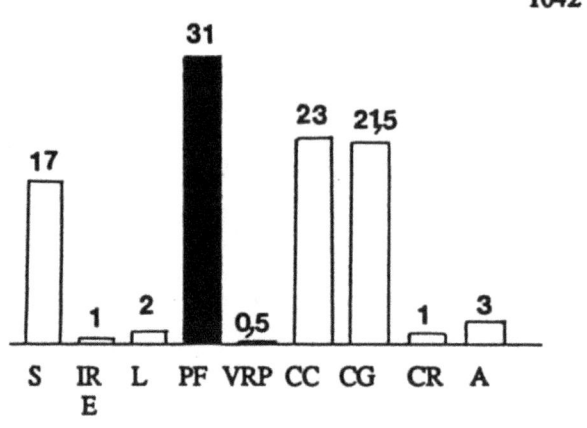

F) 70 / 100 ap. J.C.   B 20
14724 t.

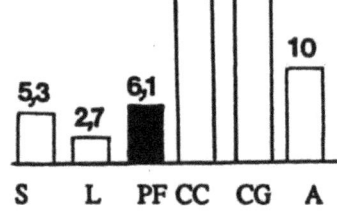

II

Diagrammes des pourcentages des différents types de parois fines dans les niveaux étudiés

1 à 5 : Productions de l'atelier de Loyasse et de l'atelier de La Muette

6 à 9 : Productions probables des ateliers de Loyasse et de La Muette

   10 : Importations ou Imitations augustéennes

   11 : Importations de Vienne

12 à 21 : Productions de l'atelier de La Butte

   22 : Productions probables de l'atelier de La Butte

   23 : Importations ou Imitations du Ier siècle ap. J.C.

   24 : Importation de La Graufesenque

   25 : Importations du Centre de la Gaule

   26 : Importations de l'Italie

   27 : Importations de la Péninsule Ibèrique

28 à 31 : Divers Augustéens et Ier siècle ap. J.C.

Légende des diagrammes G à Q.

1 à 5 :   Productions de l'atelier de Loyasse et de l'atelier de La Muette
    1   Type I
    2   Type II
    3   Type III
    4   Type IV
    5   Type V
6 à 9 :   Productions probables des ateliers de Loyasse et de La Muette
    6   Type VI
    7   Type VII
    8   Type VIII
    9   Type IX
10 :   Importations ou Imitations augustéennes
    10   Types X, XI, XII
11 :   Importations de Vienne
    11   Types XIII, XIV
12 à 21: Productions de l'atelier de la Butte
    12   Type XXV
    13   Type XXVI
    14   Types XXVII, XXVIII, XXIX, XXX
    15   Type XXXI
    16   Type XXXII
    17   Type XXXIII
    18   Type XXXIV
    19   Type XXXV
    20   Type XXXVI
    21   Type XXXVII
22 :   Productions probables de l'atelier de La Butte
    22   Types XXXVIII, XXXIX, XL, XLI, XLII, XLIII, XLIV
23 :   Importations ou Imitations du Ier siècle ap. J.C.
    23   Types XLV, XLVI, XLVII
24 :   Importation de La Graufesenque
    24   Type XLVIII
25 :   Importations du Centre de la Gaule
    25   Types XLIX, L, LI, LII, LIII, LIV, LV
26 :   Importations de l'Italie
    26   Types LVI, LVII, LVIII, LIX, LX, LXI
27 :   Importations de la Péninsule Ibèrique
    27   Types LXII, LXIII, LXIV, LXV, LXVI
28 à 31: Divers Augustéens et Ier siècle ap. J.C.
    28   Type LXVIII
    29   Type LXXIX
    30   Type LXXX
    31   Types XV, XVI, XVII, XVIII, XIX, XX, XXI, XXII, XXIII, XXIV, LXVII, LXIX, LXX, LXXI, LXXII, LXXIII, LXXIV, LXXV, LXXVI, LXXVII, LXXVIII.

Légende des diagrammes G à Q.

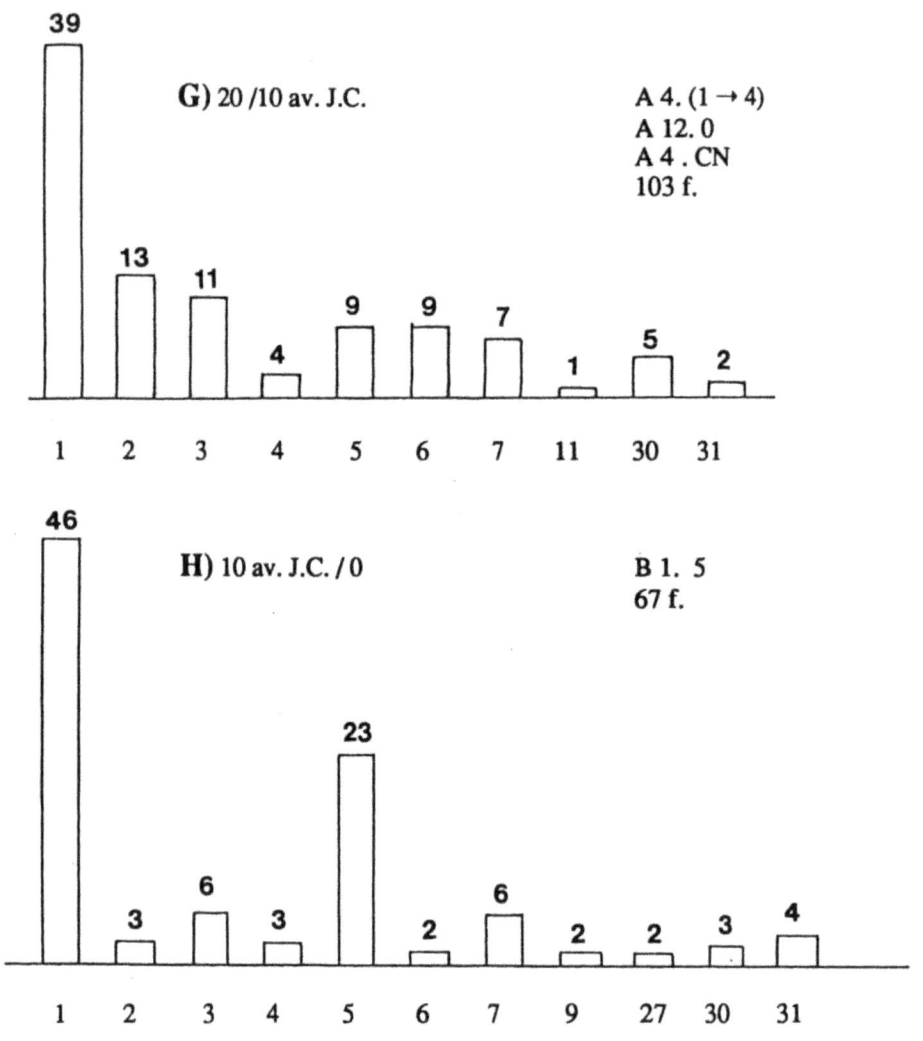

G) 20/10 av. J.C.   A 4. (1 → 4)
A 12. 0
A 4 . CN
103 f.

H) 10 av. J.C. / 0   B 1. 5
67 f.

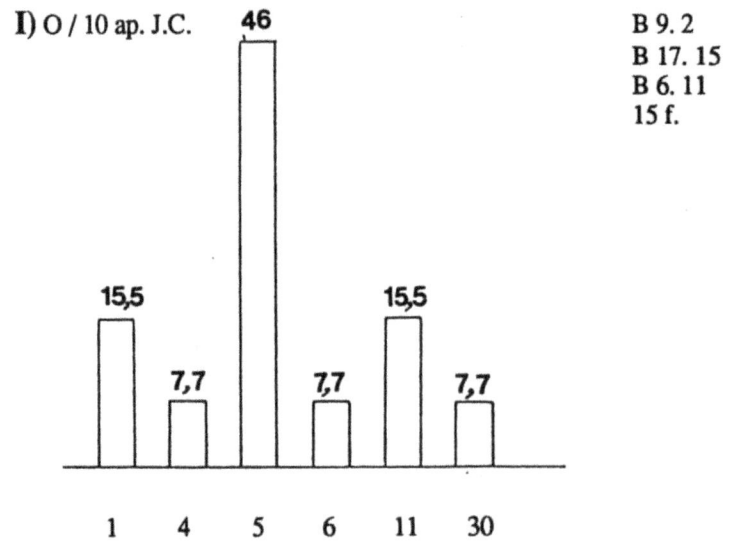

I) 0 / 10 ap. J.C.   B 9. 2
B 17. 15
B 6. 11
15 f.

J) 15 / 20 ap. J.C.

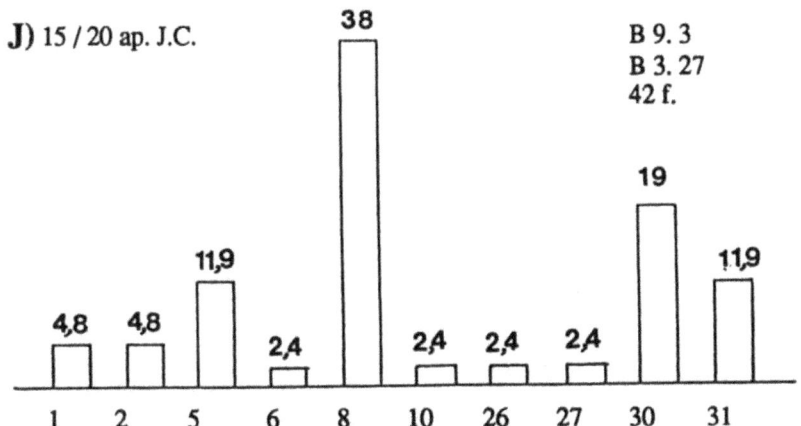

B 9. 3
B 3. 27
42 f.

K) 20 / 30 ap. J.C.

B 12. S2.5   B 8. S3.7
B 26.4   B 14. 31
A 4. 11   17 f.

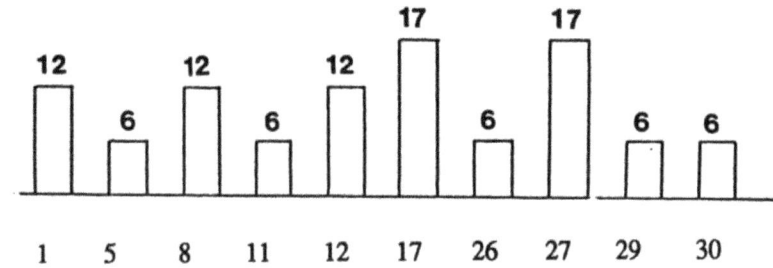

L) 30 / 40 ap. J.C.

B 10. 1
B 12. (8 → 10)
B 13.S3.9
34 f.

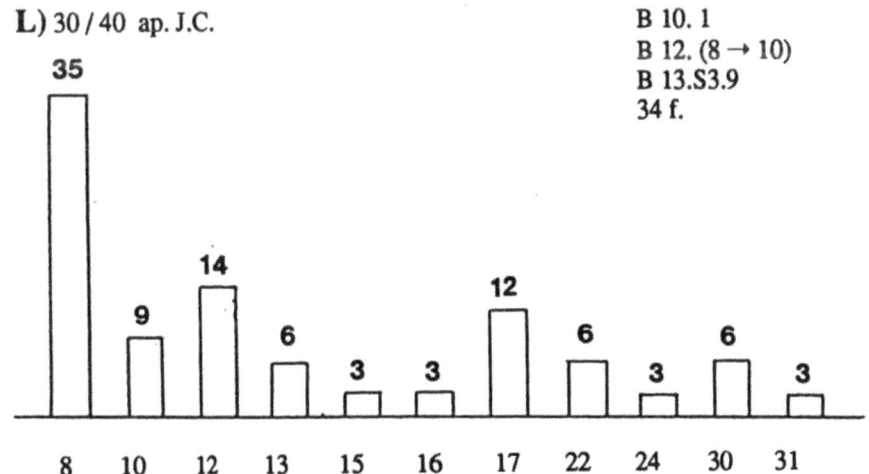

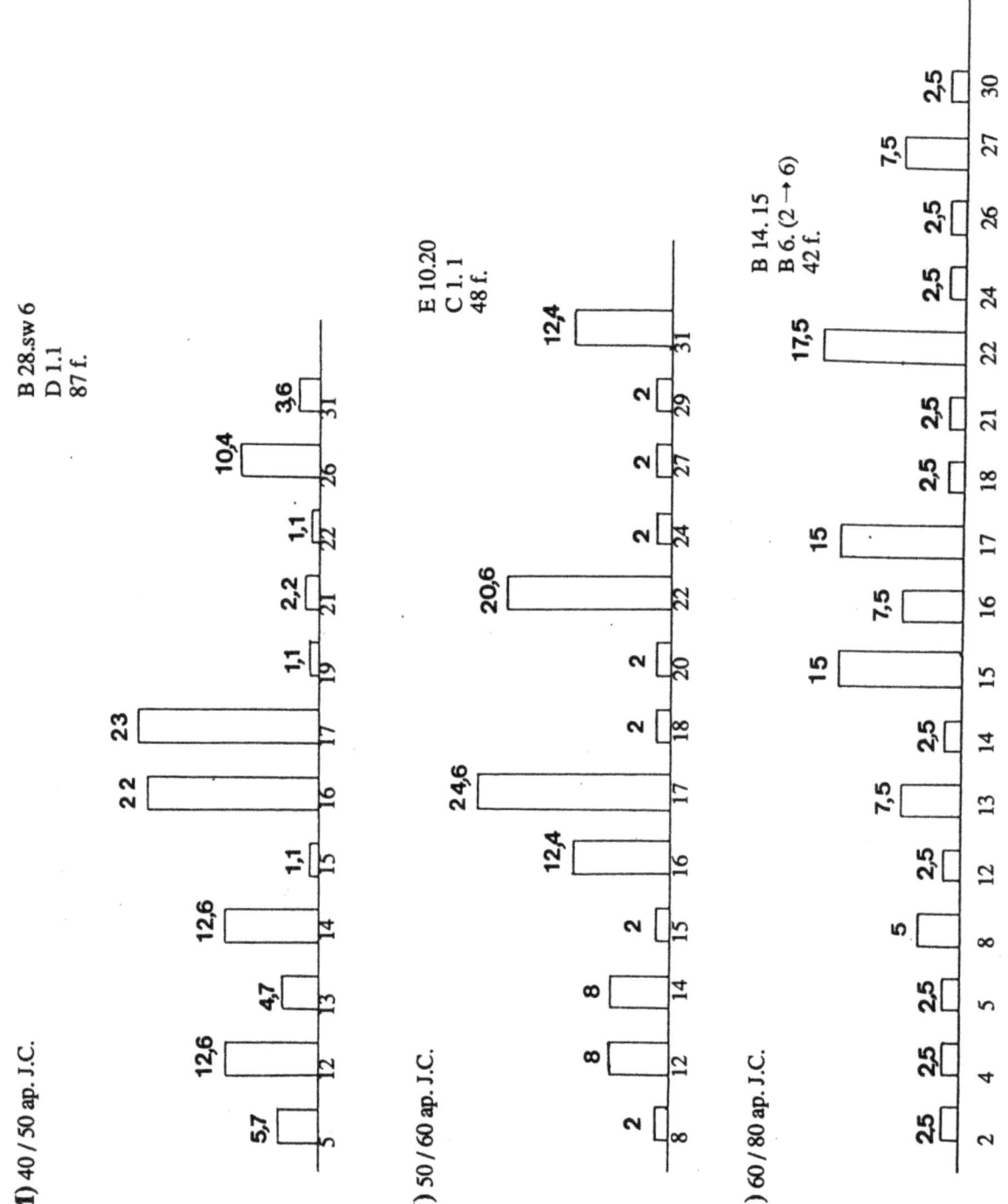

P) 70 / 100 ap. J.C.
B 20
155 f.

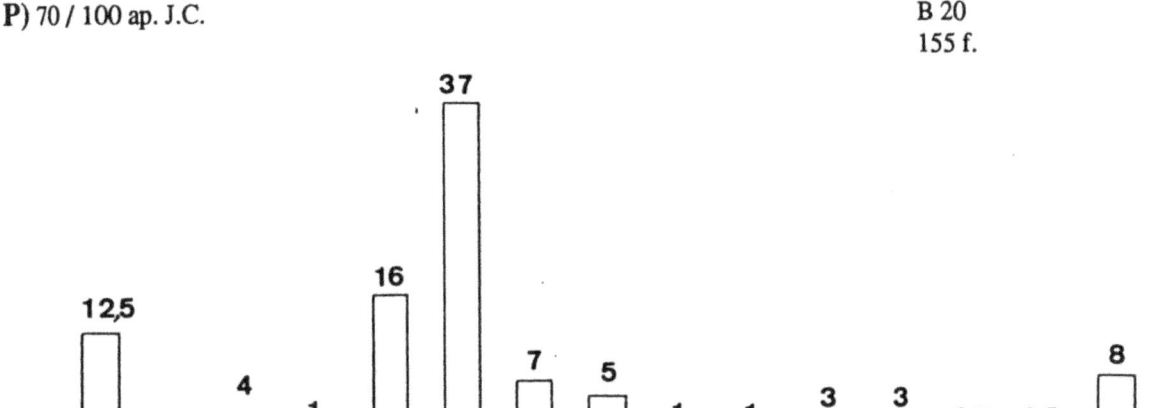

Q) fin Ie / début IIe ap. J.C.
B 23
92 f

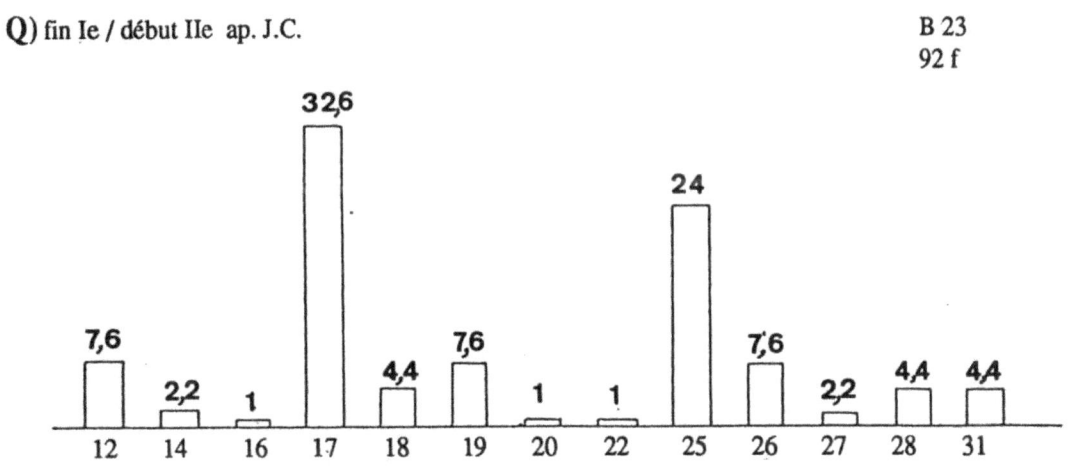

III

Concordance : Typologie / stratigraphie

TYPE	Catalogue	Repères stratigraphiques	TYPE	Catalogue	Repères stratigraphiques
Type I a	1	B 14. 9. 7		45	A 12.0.106
	2	A 4. 3. 15		45 bis	B 1. 5.100
	3	B 26. 7. 2		46	A 12.0.109
	4	B 1. 5. 71		47	A 9. 9. 13
	5	A 14. 9. 3			
	6	A 4. 3. 20	Type III	48	A 12. 7. 8
	7	A 4. 3. 21		49	A 12.0.135
	8	B 1. 5. 75		50	A 4.CN. 93
	9	B 1. 5. 88		51	A 4.CN. 92
	10	B 1. 5. 74		52	A 14.10. 1
	11	B 1. 5. 87		53	A 4.CN. 61
	12	B 1. 5. 75		54	A 4. 3. 19
	13	B 1. 5. 88		55	A 4.CN. 94
	14	B 26.E 4. 1		56	A 3. 1. 14
	15	B 1. 5. 84		57	A 6. 4. 1
	16	B 27. 5. 10		58	B 27. 8. 1
	17	B 1. 5. 72		116	B 1. 5. 5
Type I b	18	A 4.CN. 36	Type IV	59	B 14. 9. 1
	19	A 4.CN. 25		60	A 4.CN. 43
	20	A 4. 4. 34		61	A 4.CN. 44
	21	B 1. 5. 77		62	B 6.19. 13
	22	B 27. 5. 8		63	B 1. 5.108
	23	A 4. 1. 25			
Type I c	24	B 1. 5. 73	Type V a	64	B1. 5 (56 et 109)
	25	B 1. 5. 93		65	B 1. 5. 67
	26	B 1. 5.119		66	B 1. 5. 65
	27	A 4.CN. 38		67	B 1. 5. 53
	28	A 4.CN. 36		68	B 1. 5. 52
	29	B 1. 5. 76			
			Type V b	69	B 9. 2. 28
Type I	30	A 4. 1. 21			
	31	A 4.CN. 65	Type V c	70	B 1. 5. 60
	32	A 4.CN. 67			
	33	A 12.0. 12	Type V d	71	B 1. 5.114
	34	A 12.0.113			
	35	A 12.0.114	Type VI a	72	A 4. 2. 20
	36	B 9. 2. 11		73	A 4. 2. 5
				74	B 9. 3. 41
Type II	37	A 4. 2. 6			
	38	A 4. 3. 17	Type VI b	75	A 3. 3. 18
	39	A 9. 9. 28		76	A 4. 1. 19
	40	A 12. 0. 33		77	A 14.12. 9
	41	A 4. 4. 6		78	A 12.0.128
	42	A 12.0.111		79	A 12.0.126
	43	B 6. 19. 6		80	A 3. 3. 8
	44	A 12.0.108			
			Type VI a	81	A 4. 3. 23

Concordance Typologie / Stratigraphie.

TYPE	Catalogue	Repères stratigraphiques	TYPE	Catalogue	Repères stratigraphiques
Type VII	82	B 14. 9. 2	Type XX	118	B 3.27.122
	83	A 14. 9. 5			
	84	A 4.CN. 49	Type XXI	119	B 20. 319
	85	A 12.0.120			
	86	A 9.12. 2	Type XXII	120	A 9. 5. 10
	87	B 1. 5.106			
	88	A 12.0.112	Type XXIII	121	B 3.27. 40
Type VIII a	89	B 10. 1. 88	Type XXIV	122	B 10. 1. 89
	90	B 11. 3. 1			
	91	B 9. 3. 14	Type XXV a	123	A11.02. 4
	92	B 3.27. 45		124	B10. 1.102
	93	B 9. 3. 15			
			Type XXV b	125	B 14.15. 3
				126	A 13. 2. 7
Type VIII b	94	B 3.27. 44			
	95	B 10. 1. 91	Type XXV c	127	B 3. 6. 2
	96	B 8. 1. 1		128	B 20. 329
	97	B13.S2.5.3		129	B 20. 225
	98	B 3.27.110		130	B 20. 213
	99	B 3.27. 39		131	D 1. 1. 65
Type VIII	100	B 14. 7. 5			
	101	B 3.27. 41	Type XXVI	132	B 6. 6. 3
	102	B 11. 3. 2		133	B 12. 8. 3
				134	D 6.135. 1
Type IX	103	B 1. 5. 49			
			Type XXVII	135	D 1. 1. 13
Type X	104	B 3.27. 36		136	B 20. 169
Type XI	105	B 17.12. 1	Type XXVIII	137	D 1. 1. 15
	106	B 17.10. 1		138	B 20. 167
Type XII	107	B 10. 1. 87	Type XXIX	139	D 1. 1. 21
	108	B 10. 1. 99			
			Type XXX	140	D 1. 1. 20
Type XIII	109	A 14.13. 3			
			Type XXXI	141	B 6. 3. 4
Type XIV	110	A 6.CN. 6		142	B 20. 236
	111	A 4.CN. 54		143	B 20. 234
				144	B 6. 161
Type XV	112	A 4. 3. 16		145	B 6. 65
				146	C 1. 9
Type XVI	113	A 12. 7. 9			
			Type XXXIIa	147	B 20. 224
Type XVII	114	A 12.0.130		148	B 20. 241
				149	B 20. 242
Type XVIII	115	B 1. 5.101		150	B 20. 255
				151	B 20. 247
Type XIX	117	B 3.27. 38			

Concordance Typologie / Stratigraphie.

TYPE	Catalogue	Repères stratigraphiques	TYPE	Catalogue	Repères stratigraphiques
Type XXXII b	152	B 8.S3. 5		193	B 20. 302
	153	D 1. 1. 7		194	B 20. 110
	154	B 6. 1. 2		195	D 1. 1. 60
	155	B 20. 330			
	156	B 6. 1. 1	Type XXXVI a	196	B 20. 313
	157	B 20. 177		197	D 1. 1. 53 et 59
Type XXXII c	158	A 9. 2. 4	Type XXXVI b	198	C 1. 35
	159	D 1. 1. 33		199	B 20.32. 3
	160	B 20. 248			
	161	B 20. 237	Type XXXVII	200	B 14.15.10
	162	B 20. 239		201	B 14. 32. 1
Type XXXIII a	163	B 14.15. 7	Type XXXVIII	202	A 4.CN.289
	164	B 6. 2. 5			
	165	B 20. 30	Type XXXIX	203	D 1. 1. 25
	166	B 6. 6. 4			
	167	B 23. 89	Type XL	204	B 12.S2.11
	168	B 6. 1. 3		205	B 23. 53
	169	B 20.183			
			Type XLI	206	C 1. 23
Type XXXIII b	170	B 20.290			
	171	B 20.168	Type XLII	207	B 19. 2. 2
	172	B 20.290 (?)			
	173	A 11.02. 1	Type XLIII	208	C 1. 33
	174	B 14. 6. 4			
	175	B 20. 66	Type XLIV	209	B 23. 81
	176	B 23. 97		210	B 23. 59
	177	D 1. 1. 16			
			Type XLV	211	B 20.287
Type XXXIII c	178	B 20. 197		212	B 20.288
	179	B 20. 201			
	180	D 1. 1. 67	Type XLVI	213	B 20.116
	181	D 1. 1. 19			
	182	D 1. 1. 71	Type XLVII	214	C 1. 21
				215	D 1. 1. 43
Type XXXIII	183	B 23. 65			
	184	B 23. 58	Type XLVIII	216	C 1. 14
	185	B 20. 198			
	186	D 5. 2. 1	Type XLIX	217	B 20. 297
Type XXXIV	187	B 20. 331	Type L	218	B 20. 187
	188	B 20. 289		219	B 20. 186
	189	B 20. 293		220	B 20. 178
	190	B 23. 76			
	191	C 1. 18	Type LI	221	B 23. 7
				222	B 23. 8
Type XXXV	192	B 20. 296	Type LII	223	B 20. 23

Concordance Typologie / Stratigraphie.

TYPE	Catalogue	Repères stratigraphiques	TYPE	Catalogue	Repères stratigraphiques
Type LIII	224	B 23. 82		253	B 20. 172
Type LIV	225	B 23. 78	Type LXXIV	254	B 20. 318
Type LV	226	B 20. 333	Type LXXV	255	B 20. 173
Type LVI	227	B 23. 73	Type LXXVI	256	B 20. 175
Type LVII	228	D 1. 1. 3		257	B 23. 48
Type LVIII	229	D 1. 1. 1		258	C 1. 1.24
Type LIX	230	B 3.27. 37		259	B 10. 1. 85
Type LX	231	B 23. 74	Type LXXVII	260	B 23. 42
Type LXI	232	B 23. 79	Type LXXVIII	261	B 23.103
	233	B 23. 83	Type LXXX a	262	B 9. 3. 48
	234	B 23. 90		263	B 14.15. 2
Type LXII	235	B 14. 15. 5		264	B 12.10. 1
	236	B 14. 7. 3		265	A 14.01.15
	237	B 23. 71		266	A 12.0.127
Type LXIII	238	D 2. 1. 4		267	B 27. 8.13
Type LXIV	239	B 14. 15. 1	Type LXXX b	268	A 4.CN. 55
Type LXV	240	B 20. 330		269	B 9. 3. 26
Type LXVI	241	B13.S3.9.1		270	A 12. H. S.
Type LXVII	242	B 20. 182		271	B 10.1.106
	243	B 23 . 2		272	A 4.CN. 34
	244	B 20. 189			
Type LXVIII	245	B 20. 300			
	246	B 20. 299			
	247	B 20. 298			
Type LXIX	248	B 20. 305			
Type LXX	249	B 23. 72			
Type LXXI	250	C 1. 20			
Type LXXII	251	D 1. 1.12			
Type LXXIII	252	B 20. 171			

Concordance Typologie / Stratigraphie.

CATALOGUE

Tous les dessins sont à l'échelle 1/2
Les fragments trop petits du type LXXIX n'ont pu être dessinés

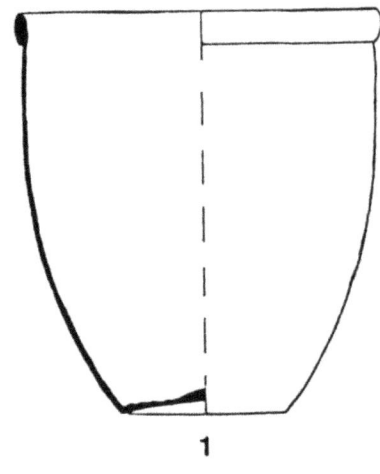

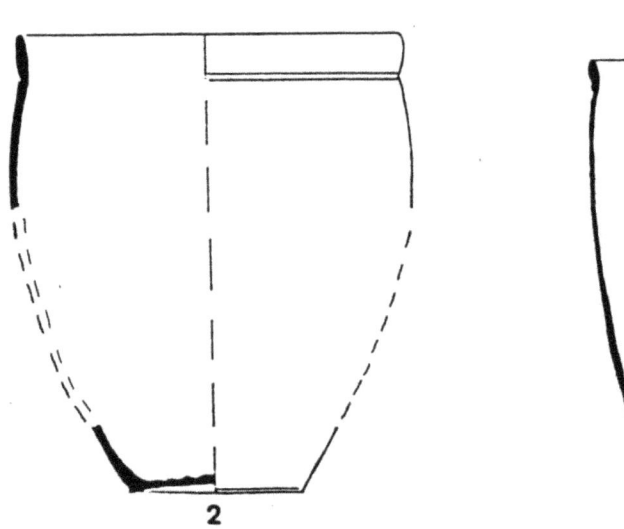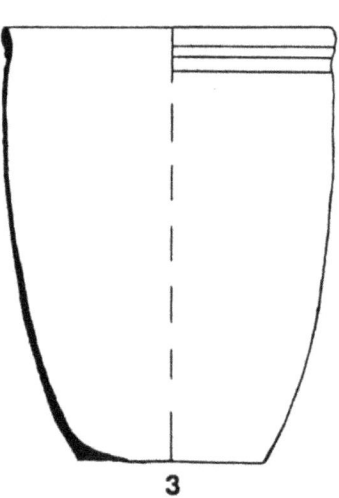

Type Ia

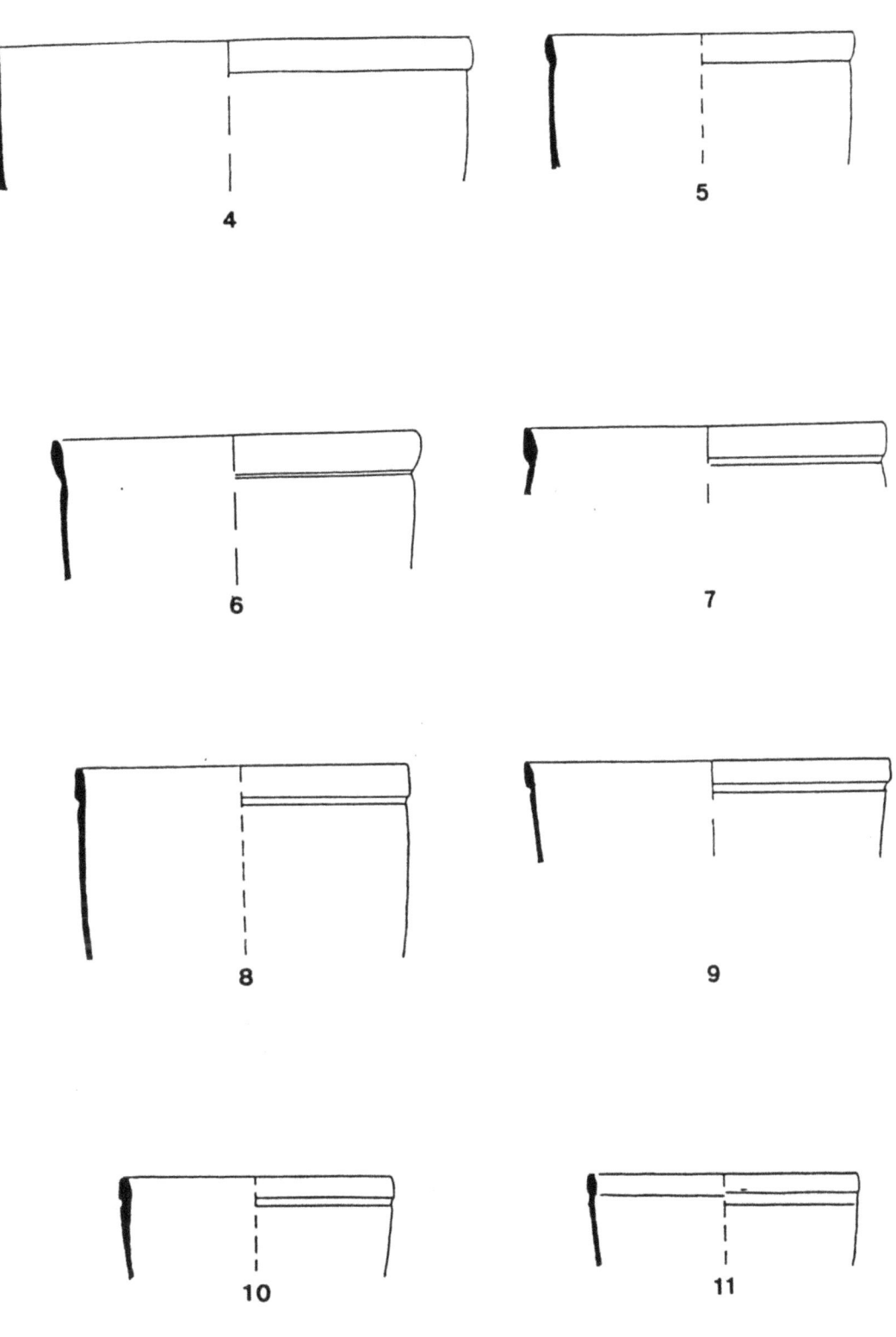

Type Ia

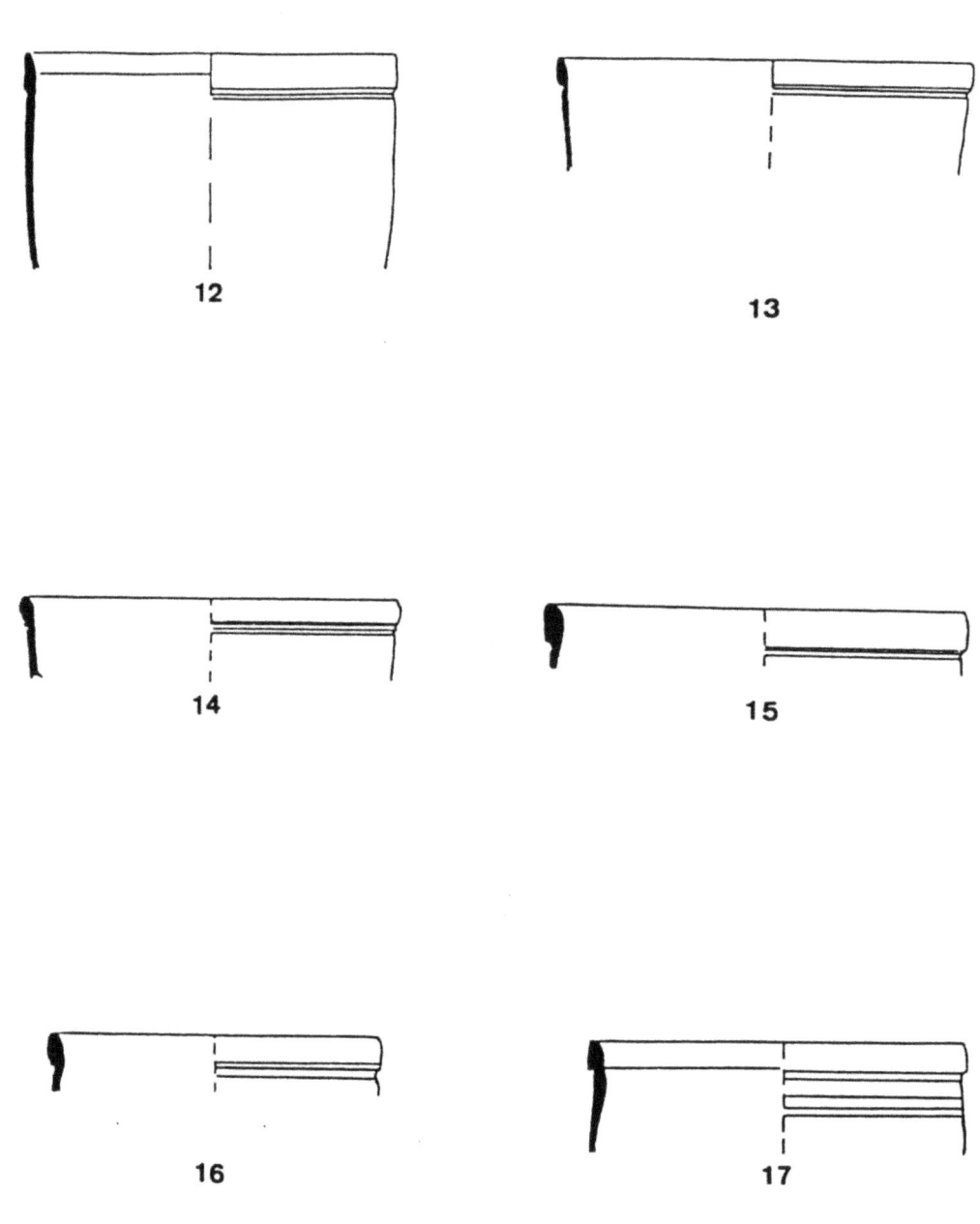

Type Ia

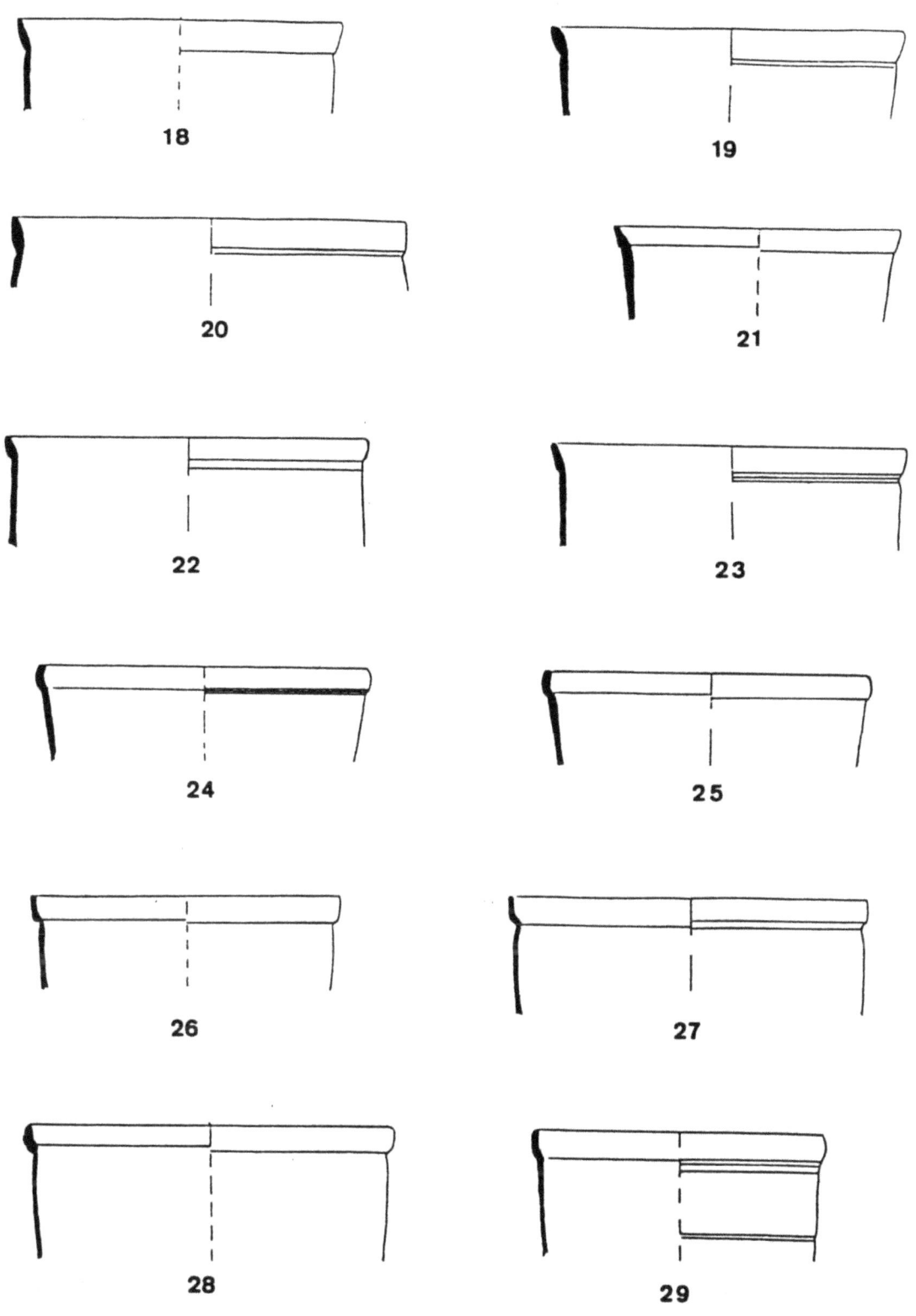

Type Ib (n° 18 à 23) **Type Ic** (n° 24 à 29)

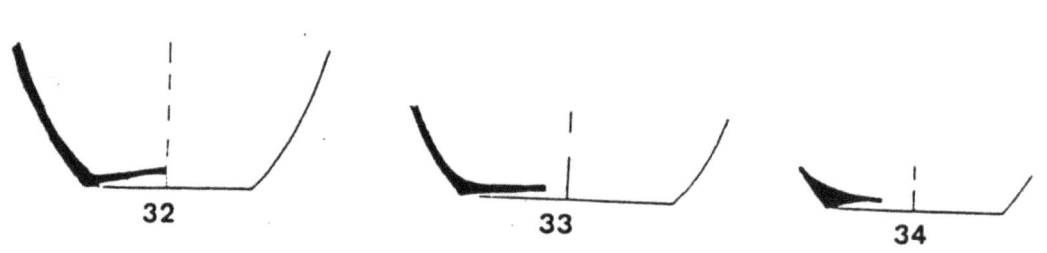
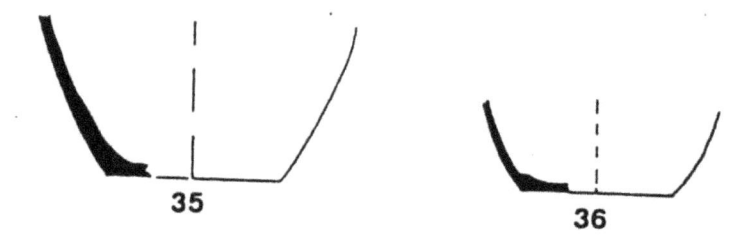

Type I

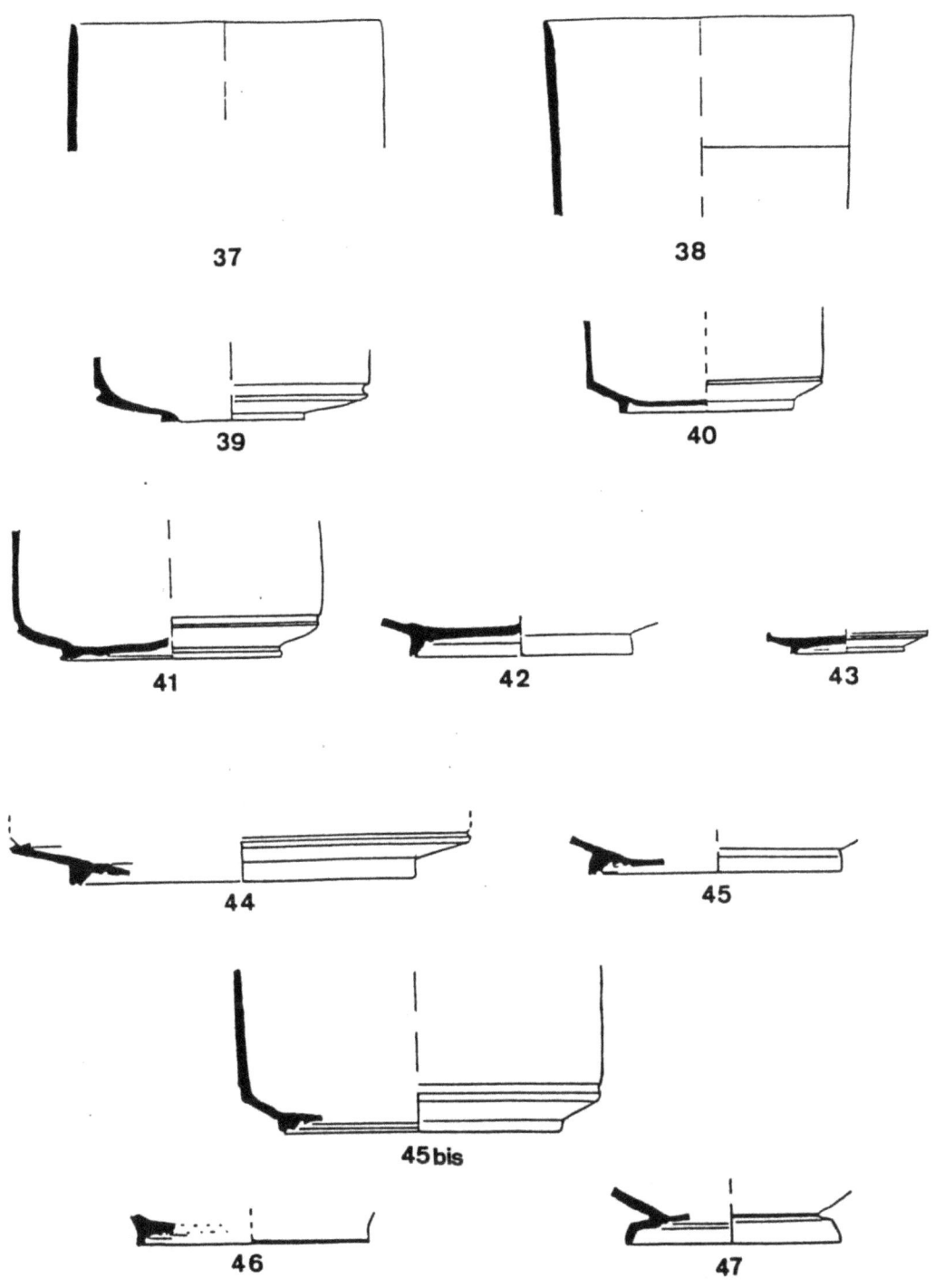

Type II

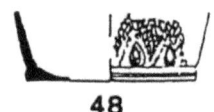
48

49

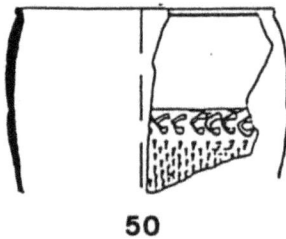
50

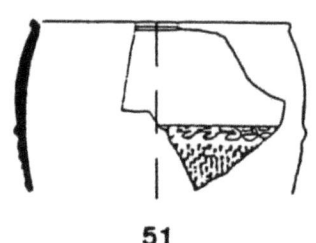
51

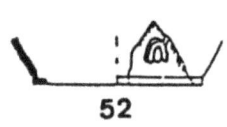
52

53

54

55

56

57

58

Type III

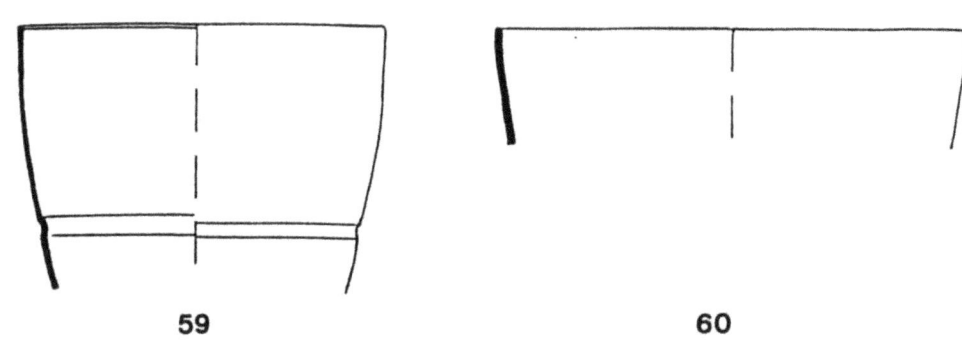

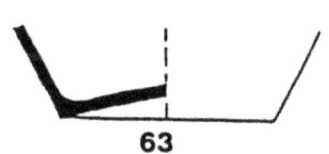

Type IV

- 147 -

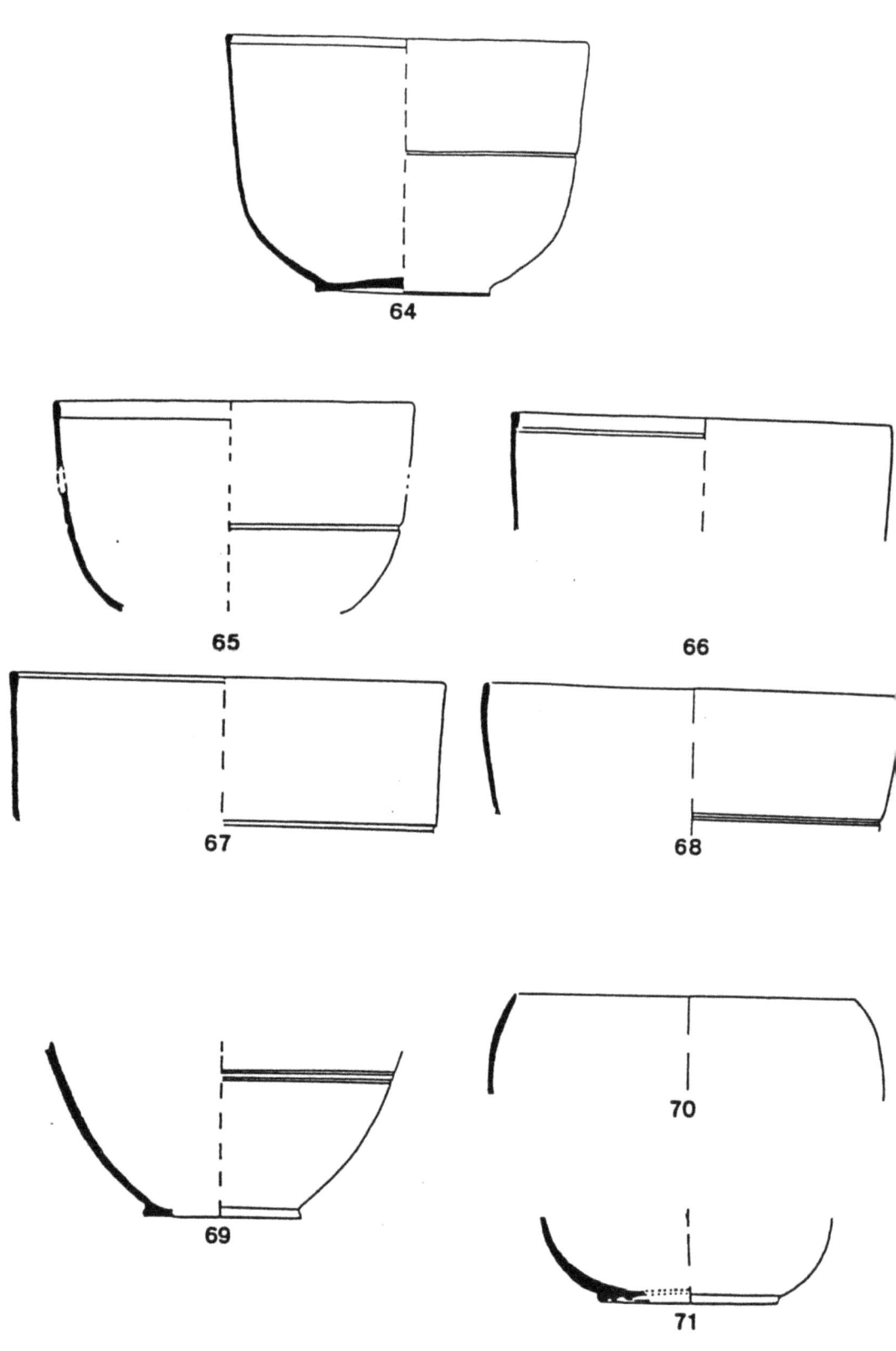

Type V Type Va (n° 64 à 68) Type Vb (n° 69)
Type Vc (n°70) Type Vd (n° 71)

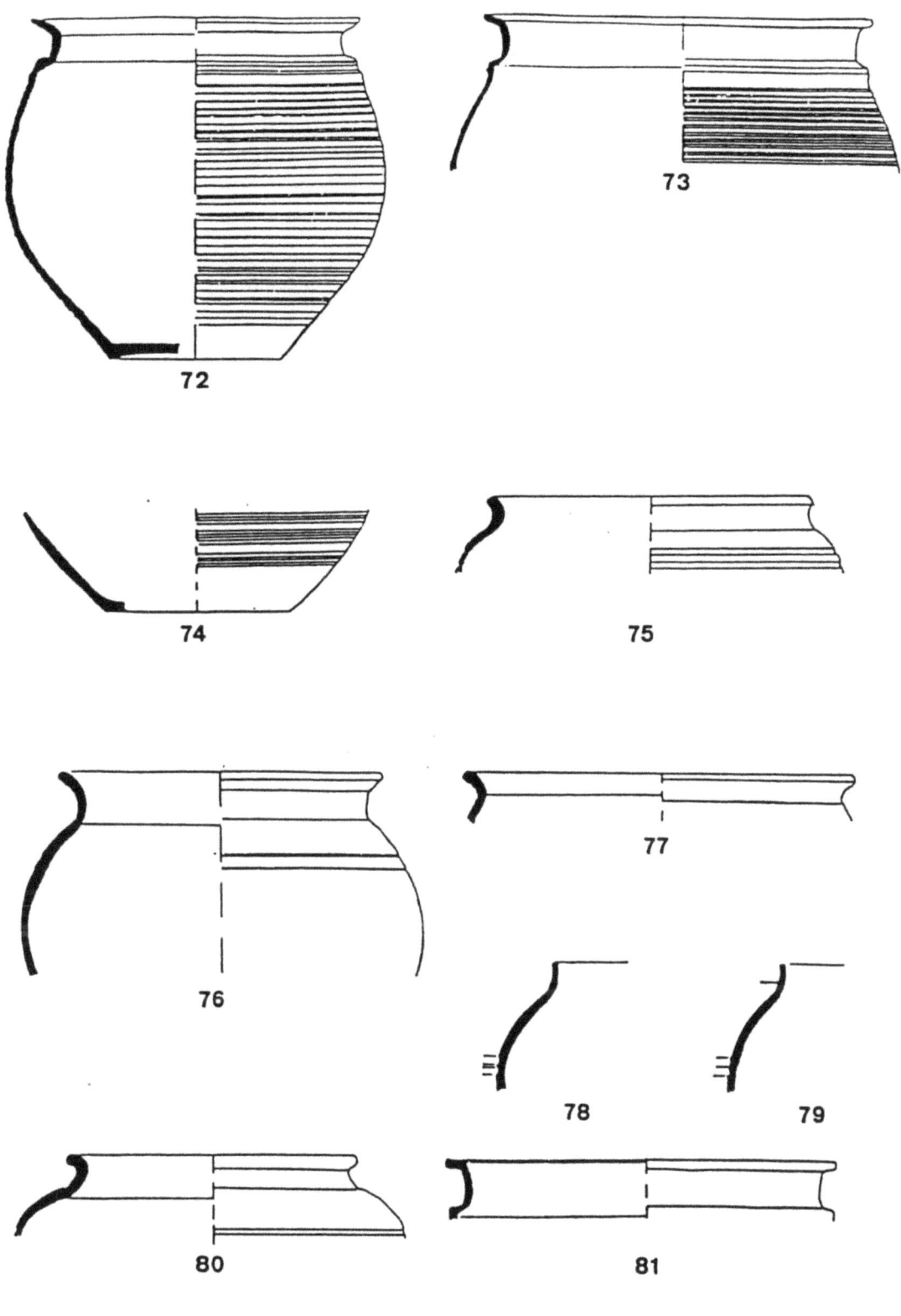

Type VI **Type VIa** (n° 72 à 74 & 81) **Type VIb** (n° 75 à 80)

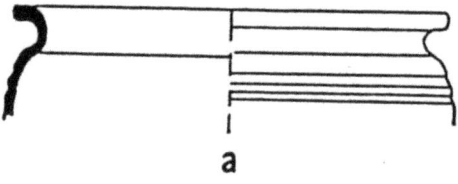

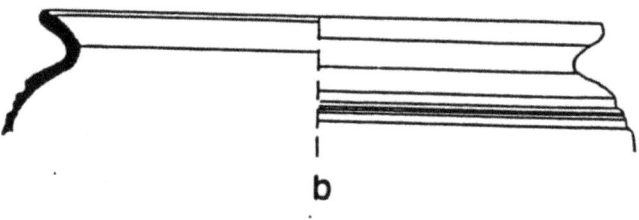

pots provenants des fouilles de l'atelier de La Muette

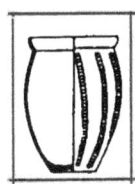

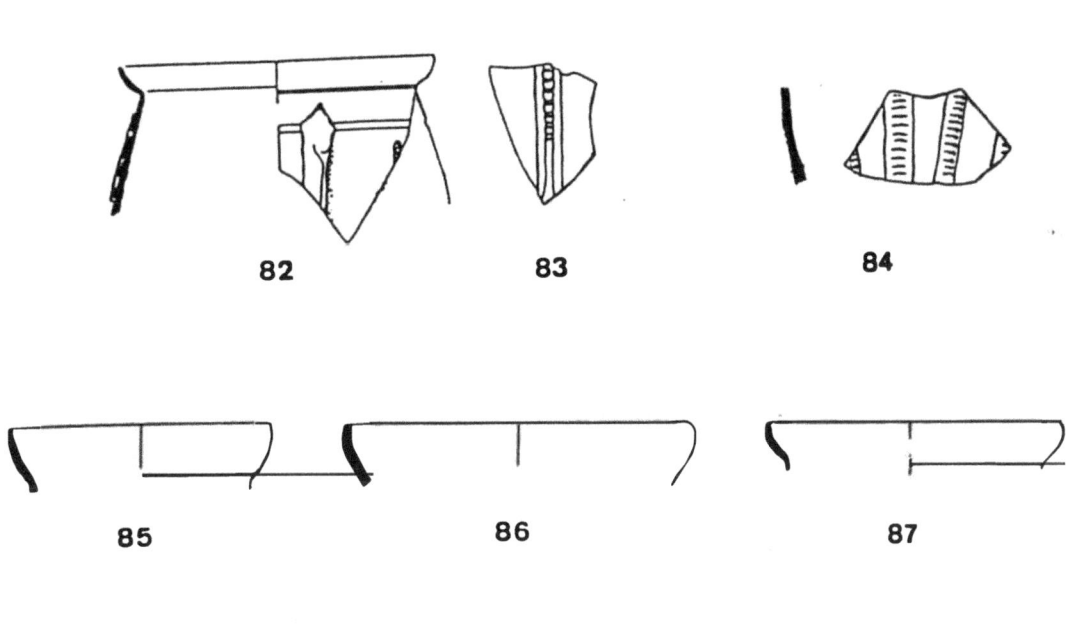

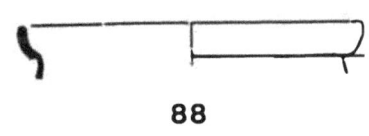

Type VII

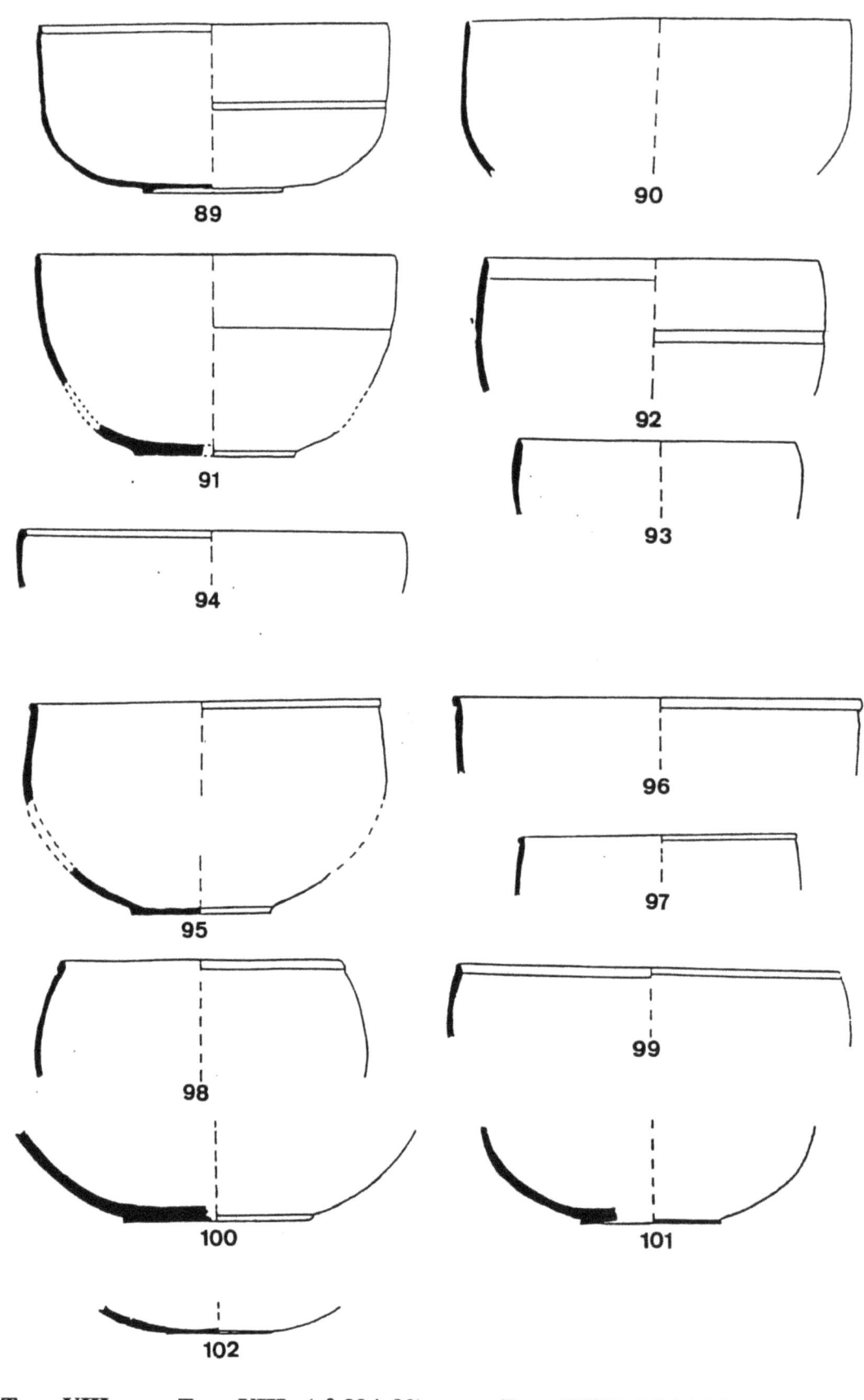

Type VIII **Type VIIIa** (n° 89 à 93) **Type VIIIb** (n° 94 à 99)

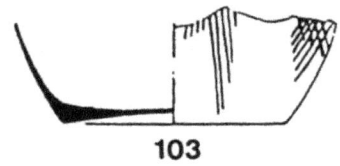

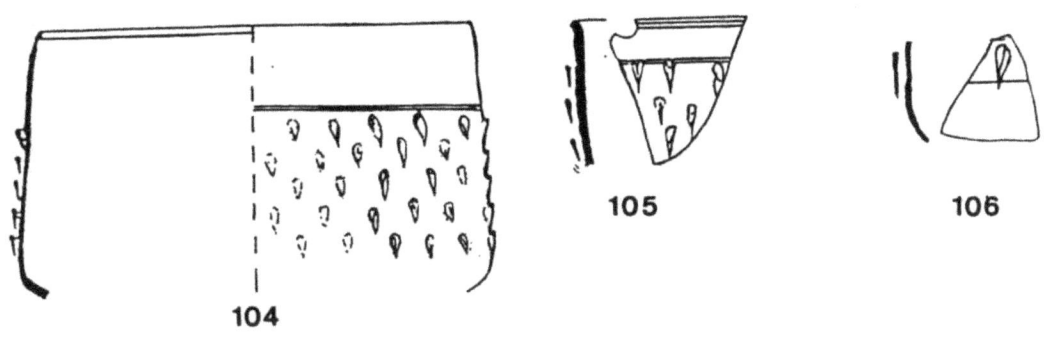

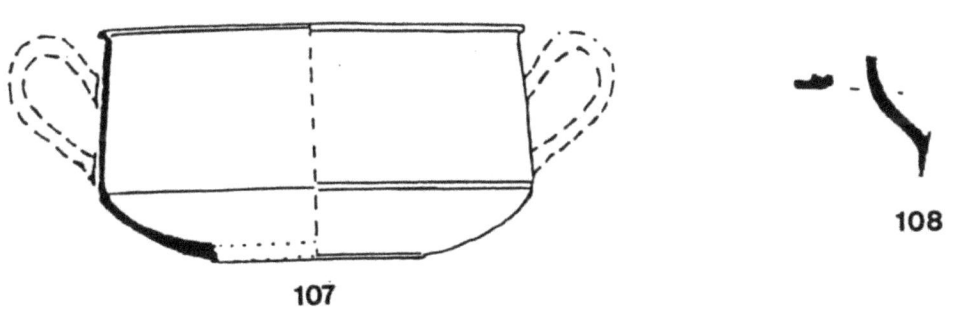

Type IX (n° 103)   **Type X** (n° 104)   **Type XI** (n° 105 & 106)
Type XII (n° 107 & 108)

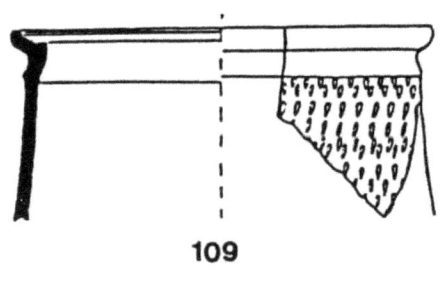

Type XIII (n° 109)   **Type XIV** (n° 110 & 111)

(n° a, relevé dans DESBAT-SAVAY GUERRAZ p. 103)

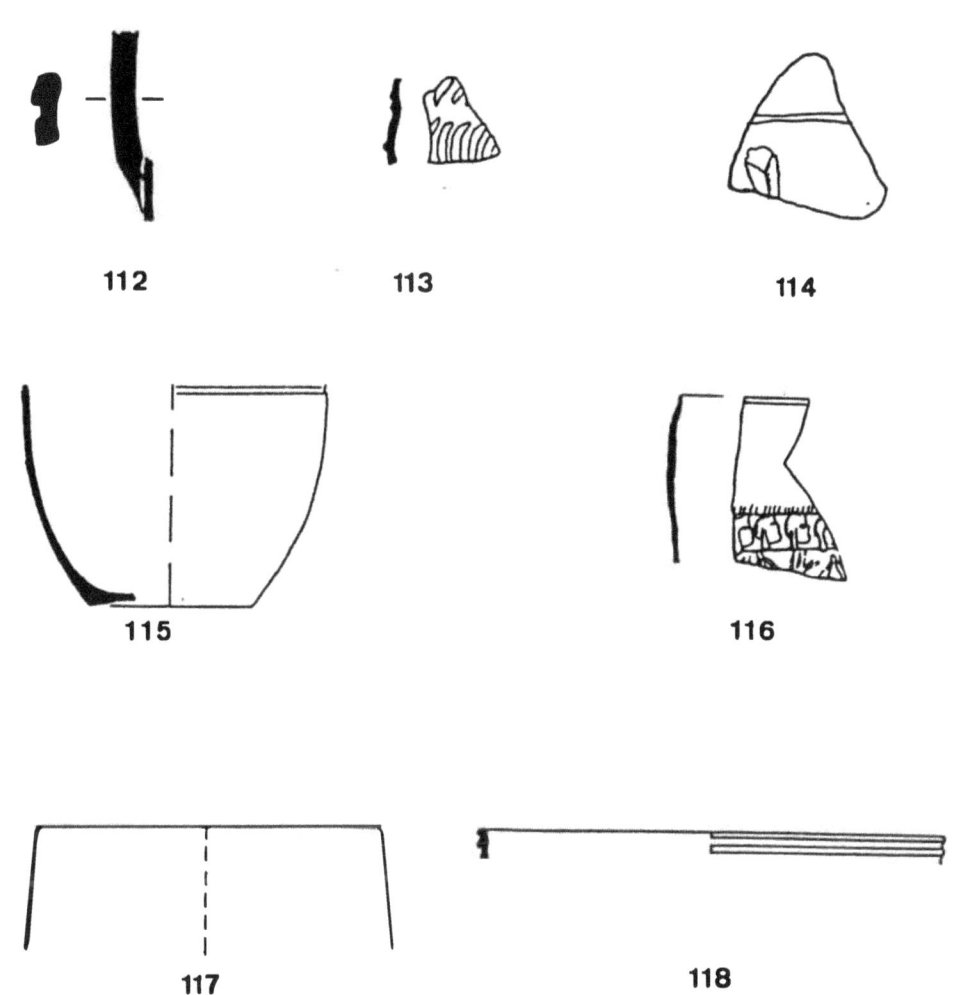

Type XV (n° 112)   **Type XVI** (n° 113)   **Type XVII** (n° 114)
Type XVIII (n° 115)   **Type III** (n° 116)   **Type XIX** (n° 117)
Type XX (n° 118)

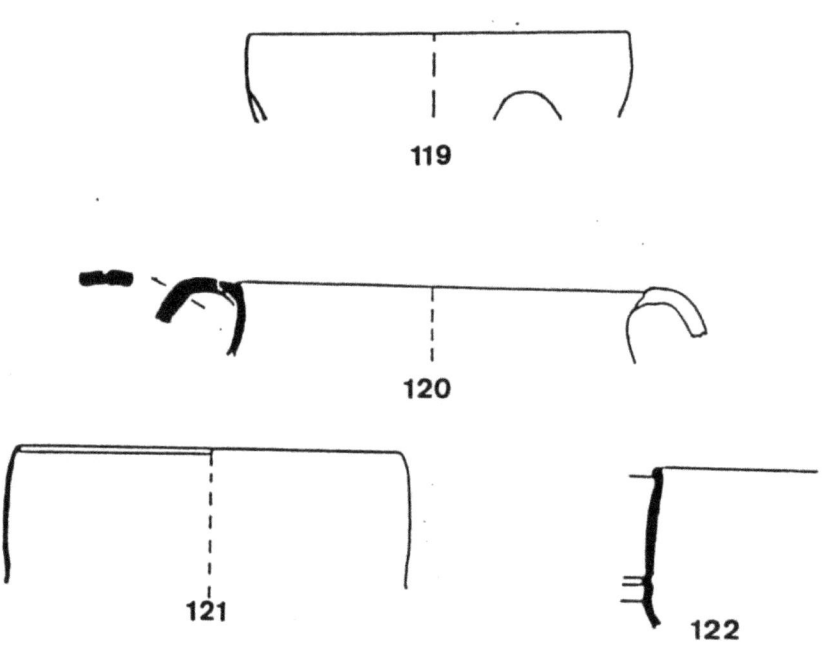

Type XXI (n° 119)   Type XXII (n° 120)
Type XXIII (n° 121)   Type XXIV (n° 122)

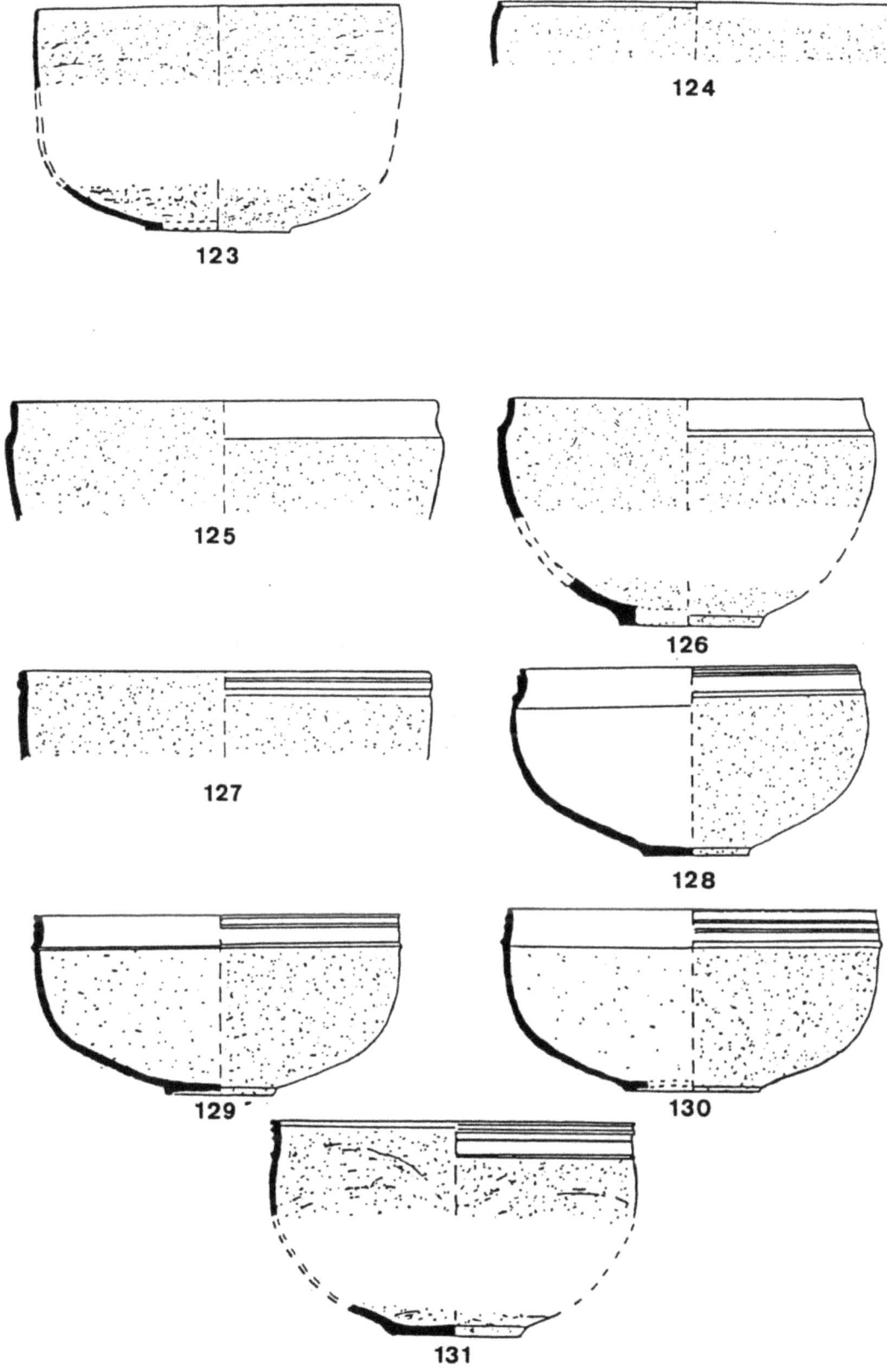

Type XXV **Type XXVa** (n° 123 & 124)
Type XXVb (n° 125 & 126) **Type XXVc** (n° 127 à 131)

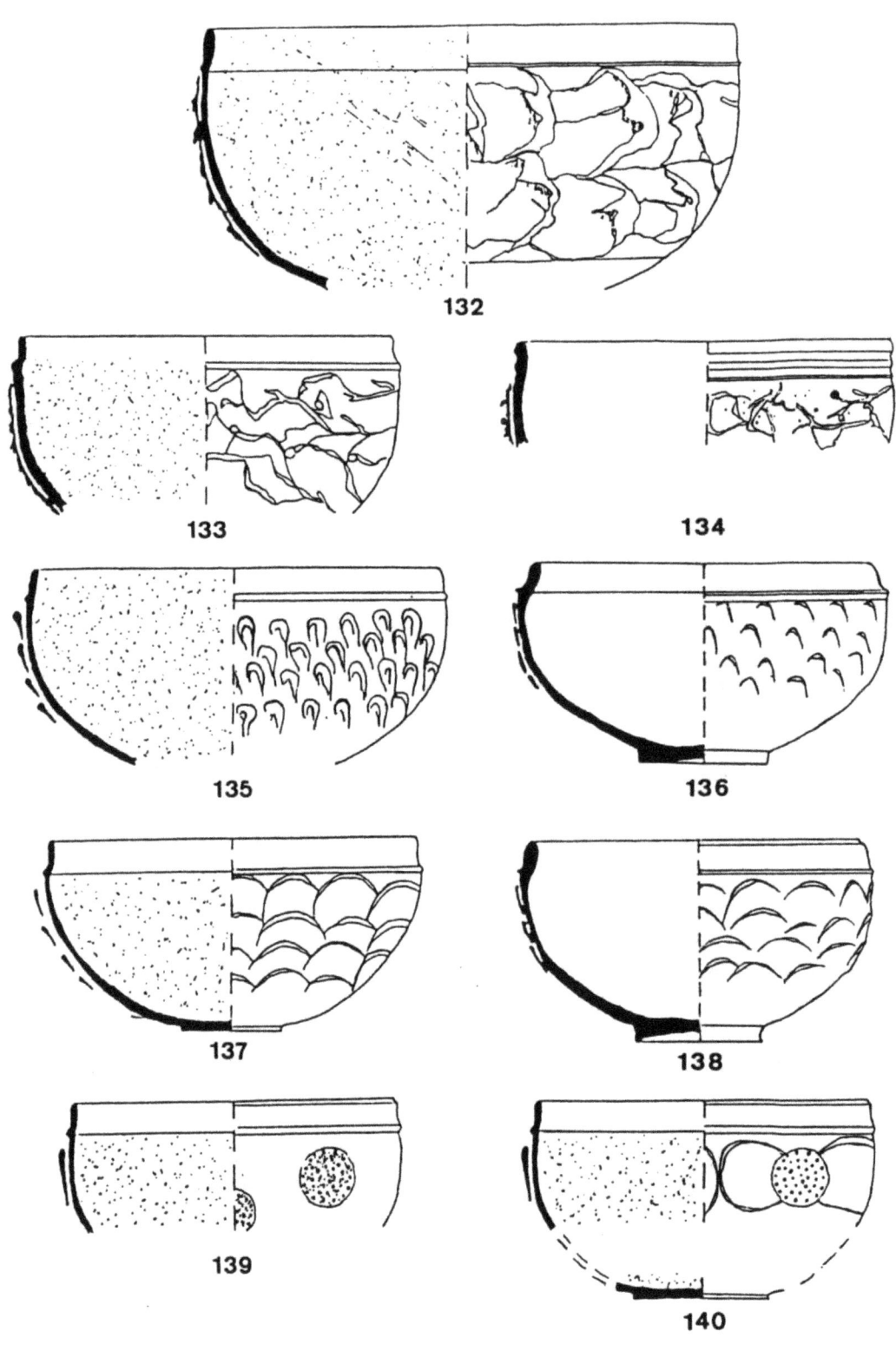

Type XXVI (n° 132 à 134) **Type XXVII** (n° 135 & 136)
Type XXVIII (n° 137 & 138) **Type XXIX** (n° 139)
Type XXX (n° 140)

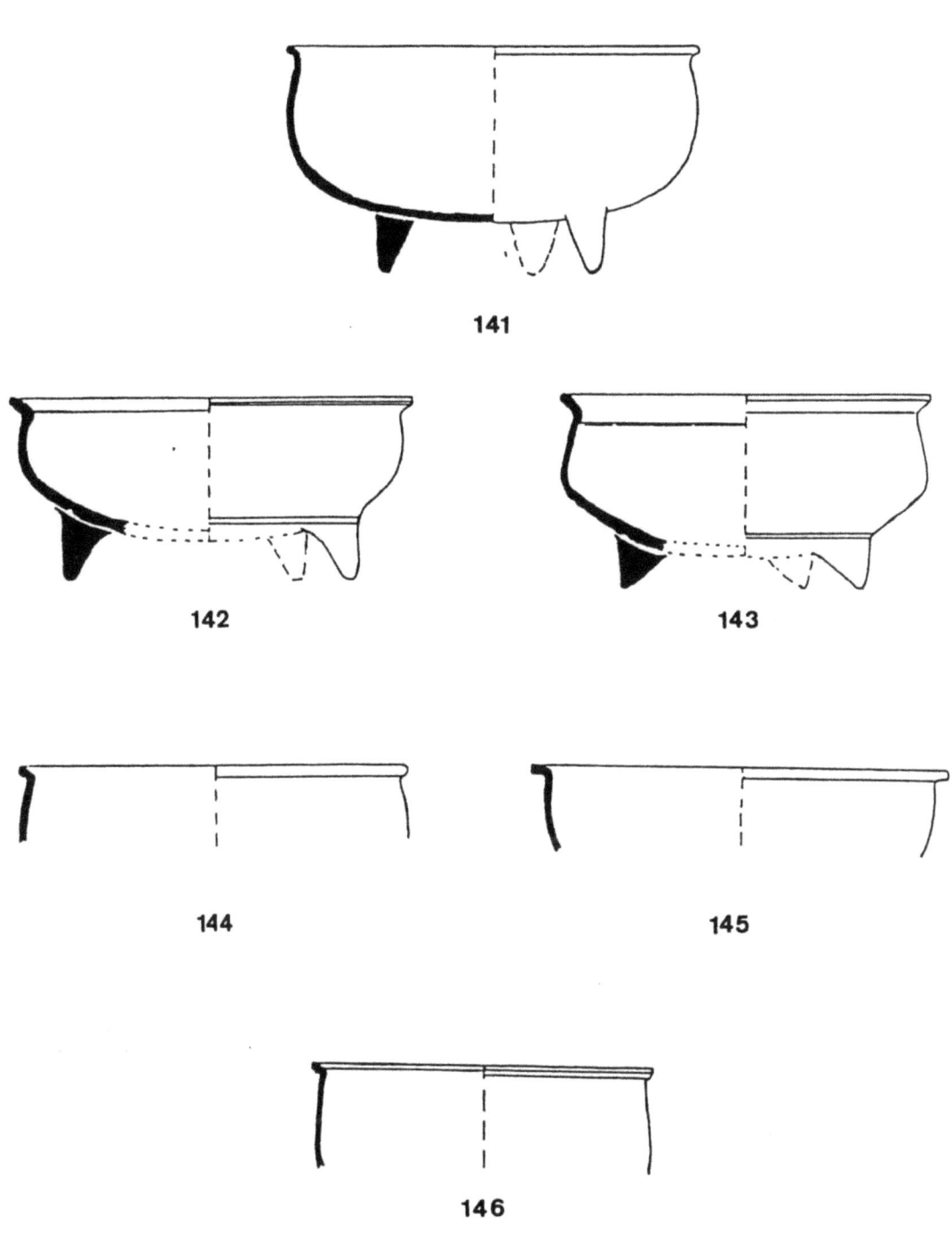

Type XXXI

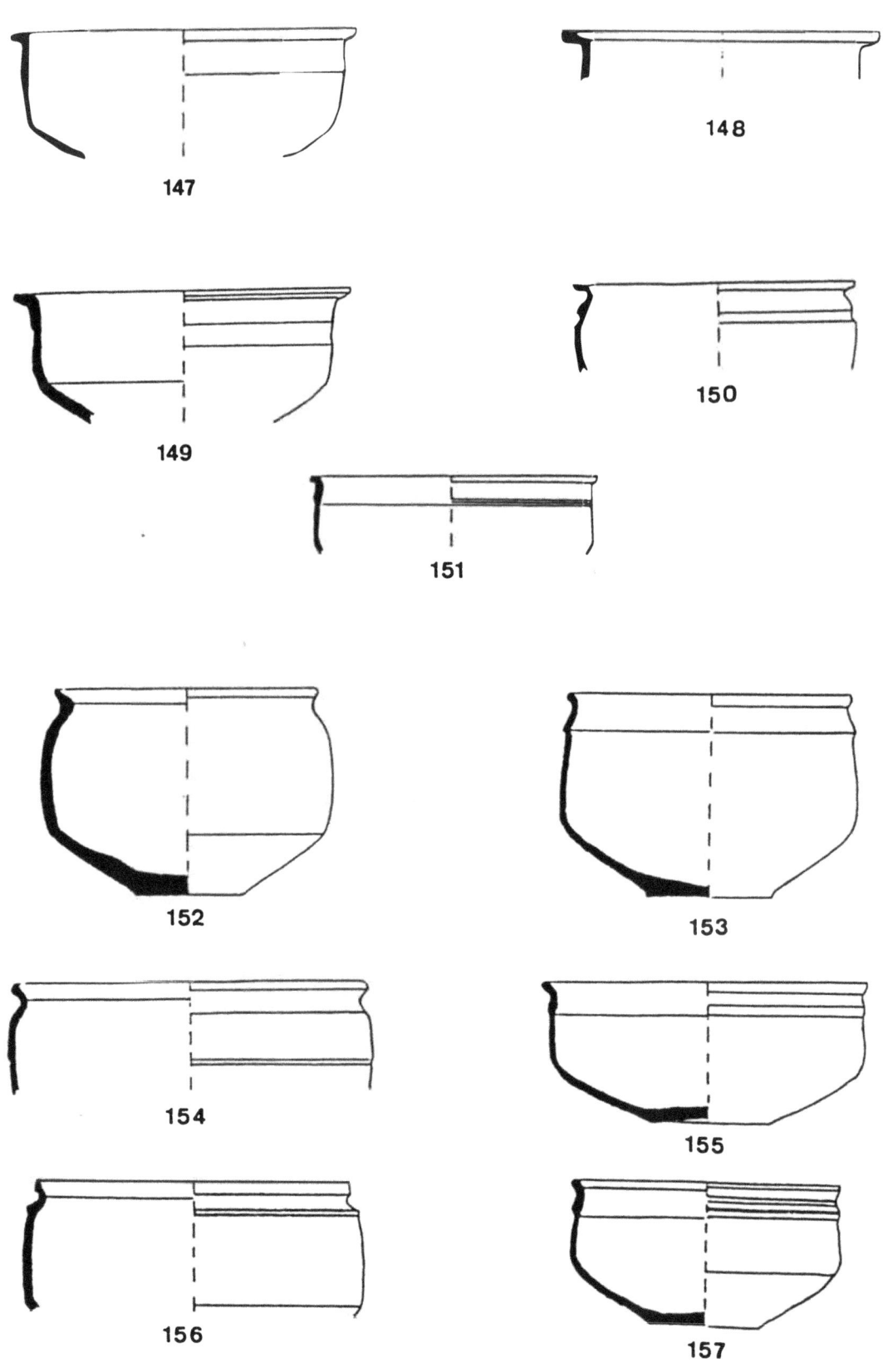

Type XXXII - **Type XXXIIa** (n° 147 à 151) - **Type XXXIIb** (n°152 à 157)

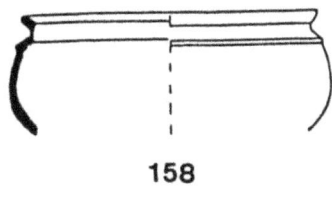
158

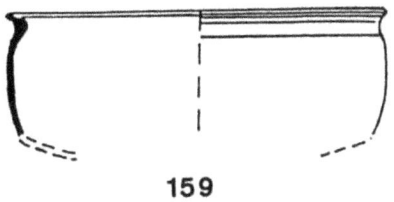
159

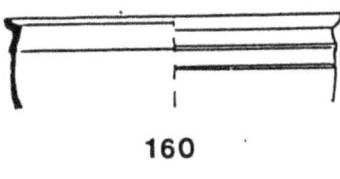
160

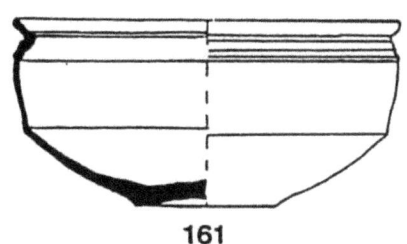
161

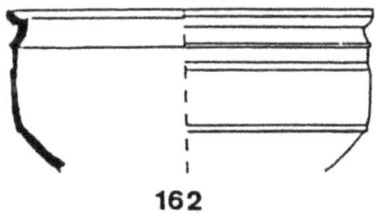
162

Type XXXIIc

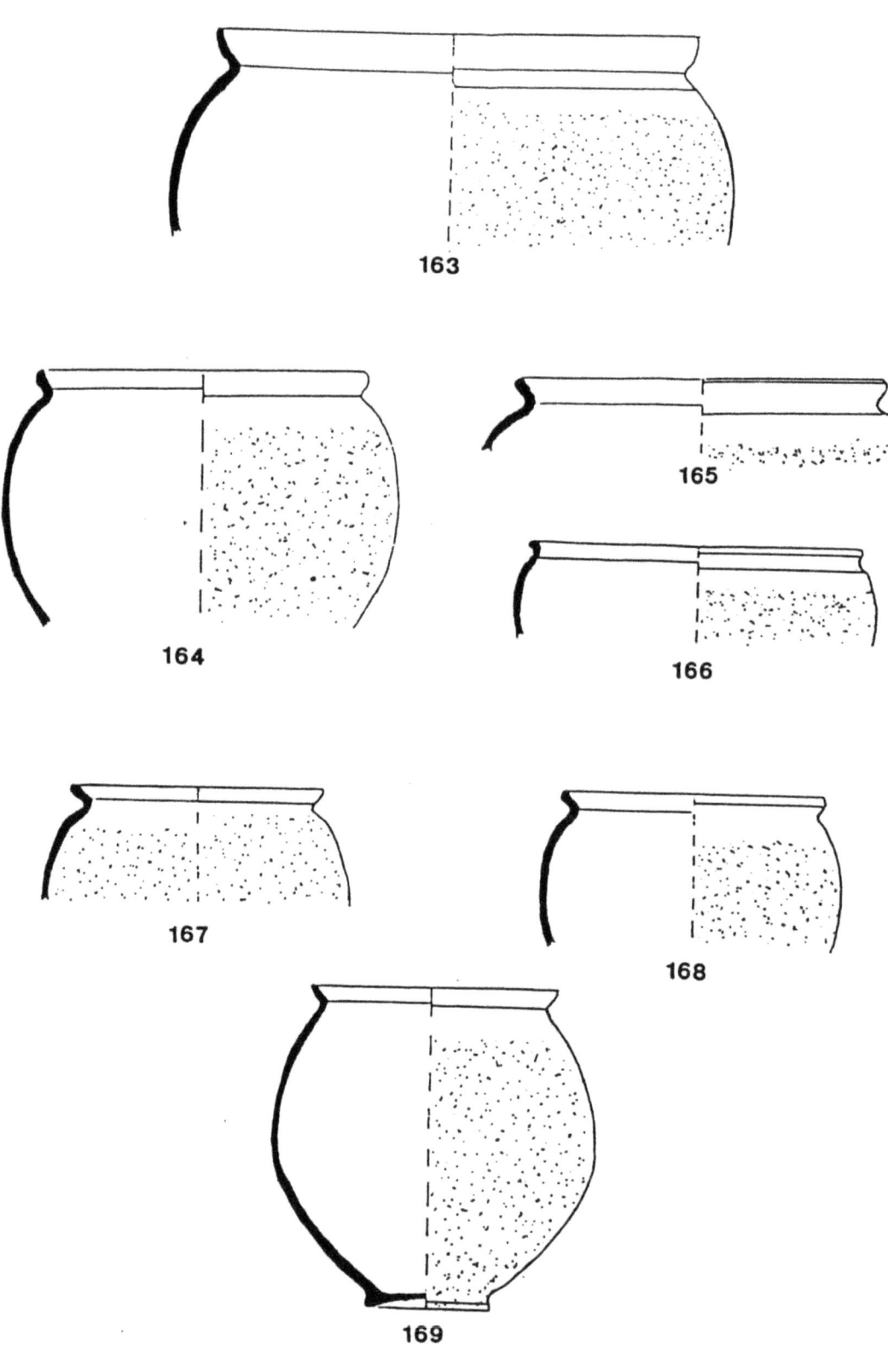

Type XXXIII   Type XXXIIIa

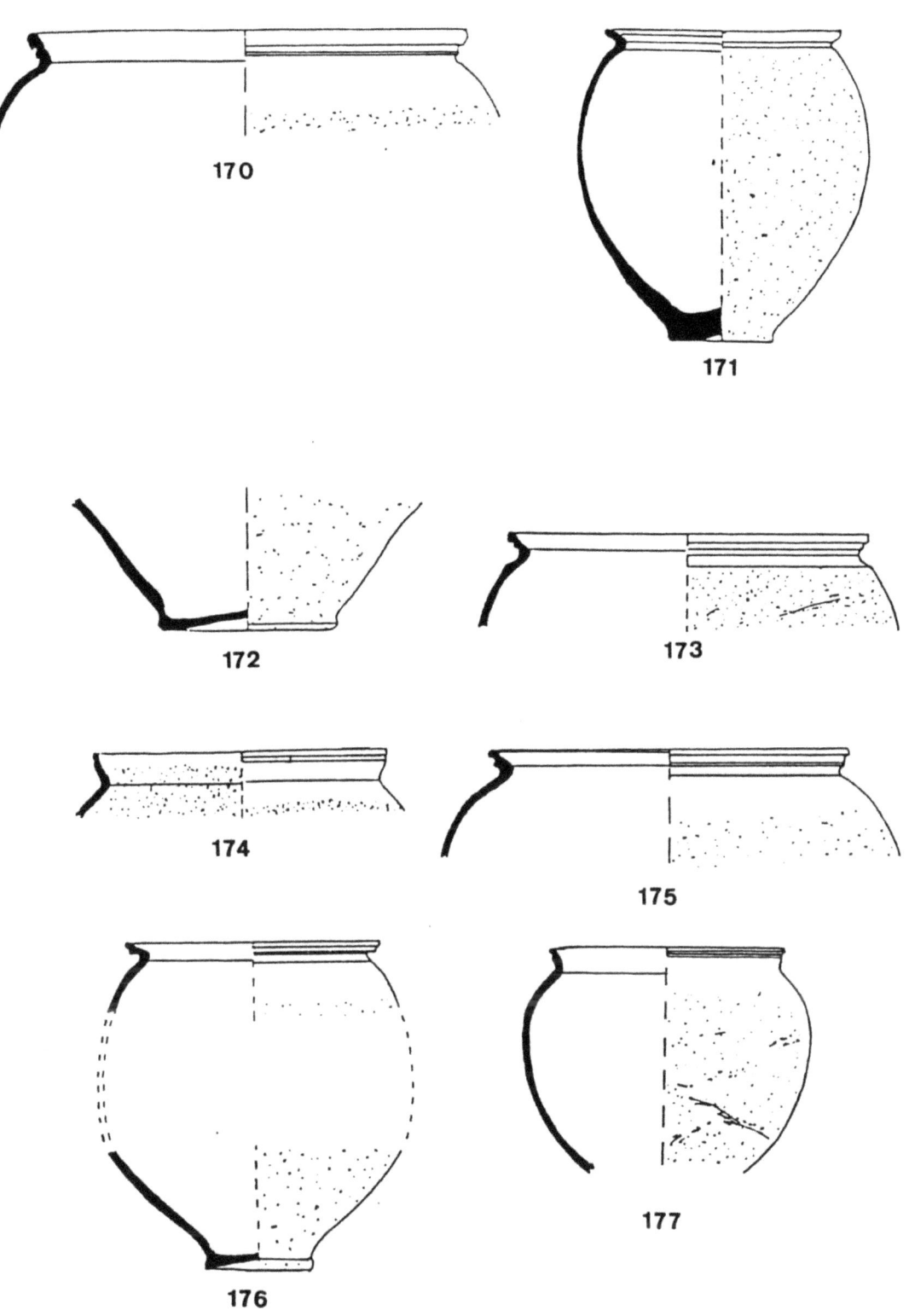

Type XXXIIIb

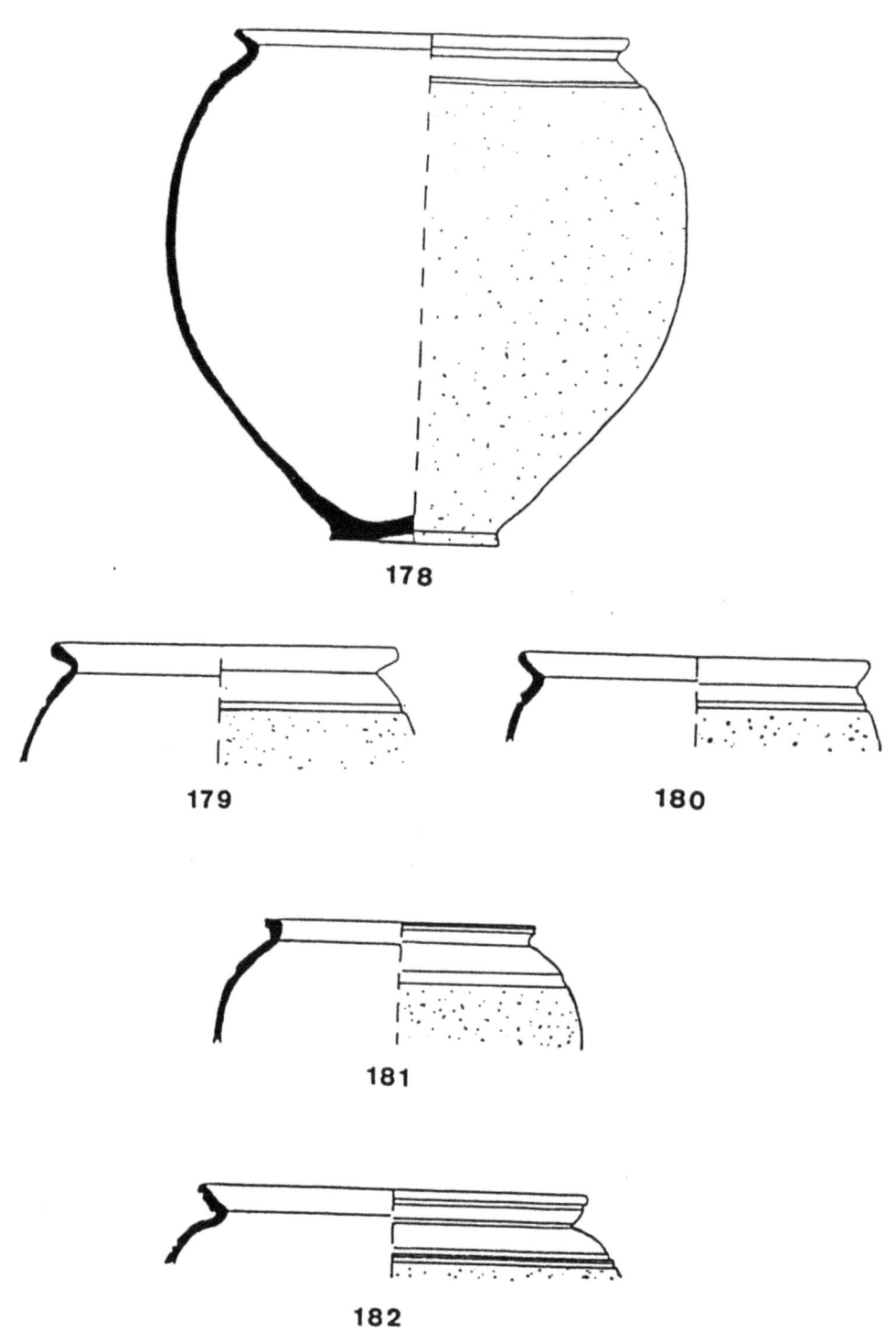

Type XXXIIIc

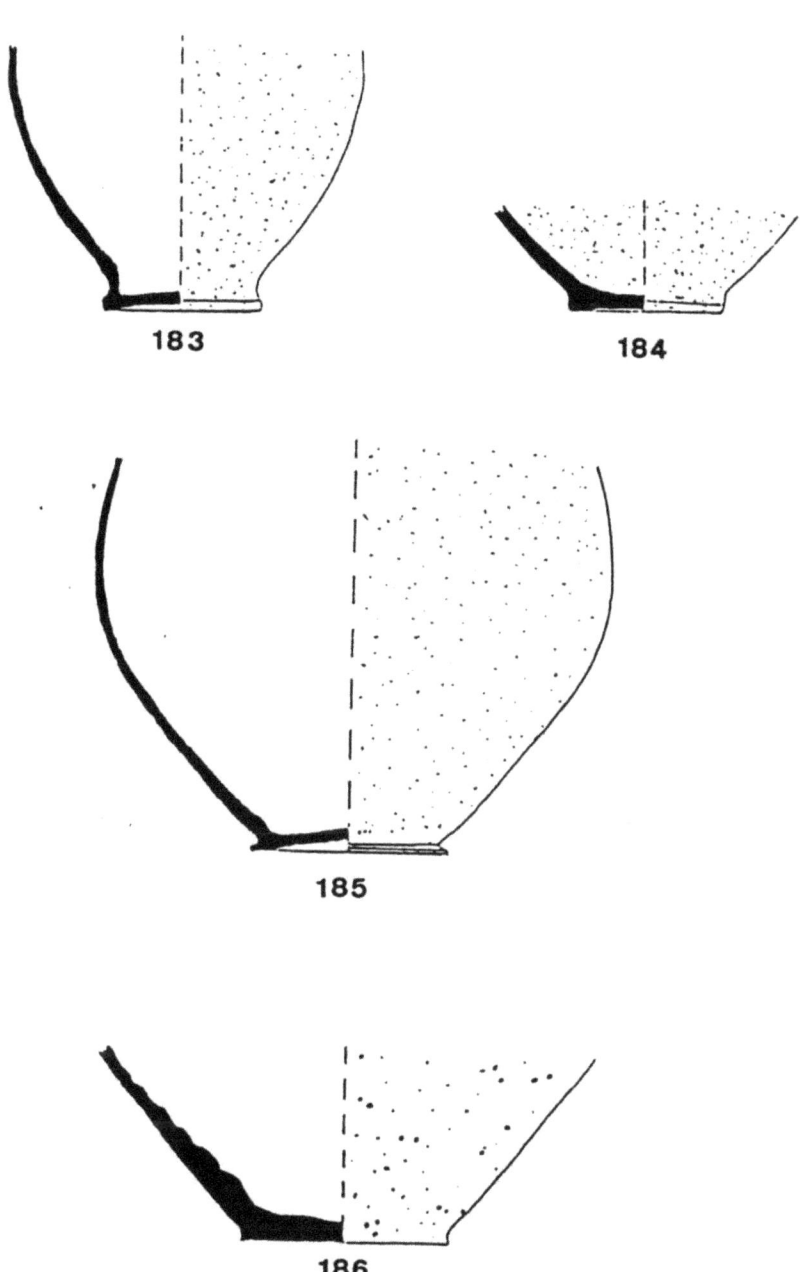

Type XXXIII

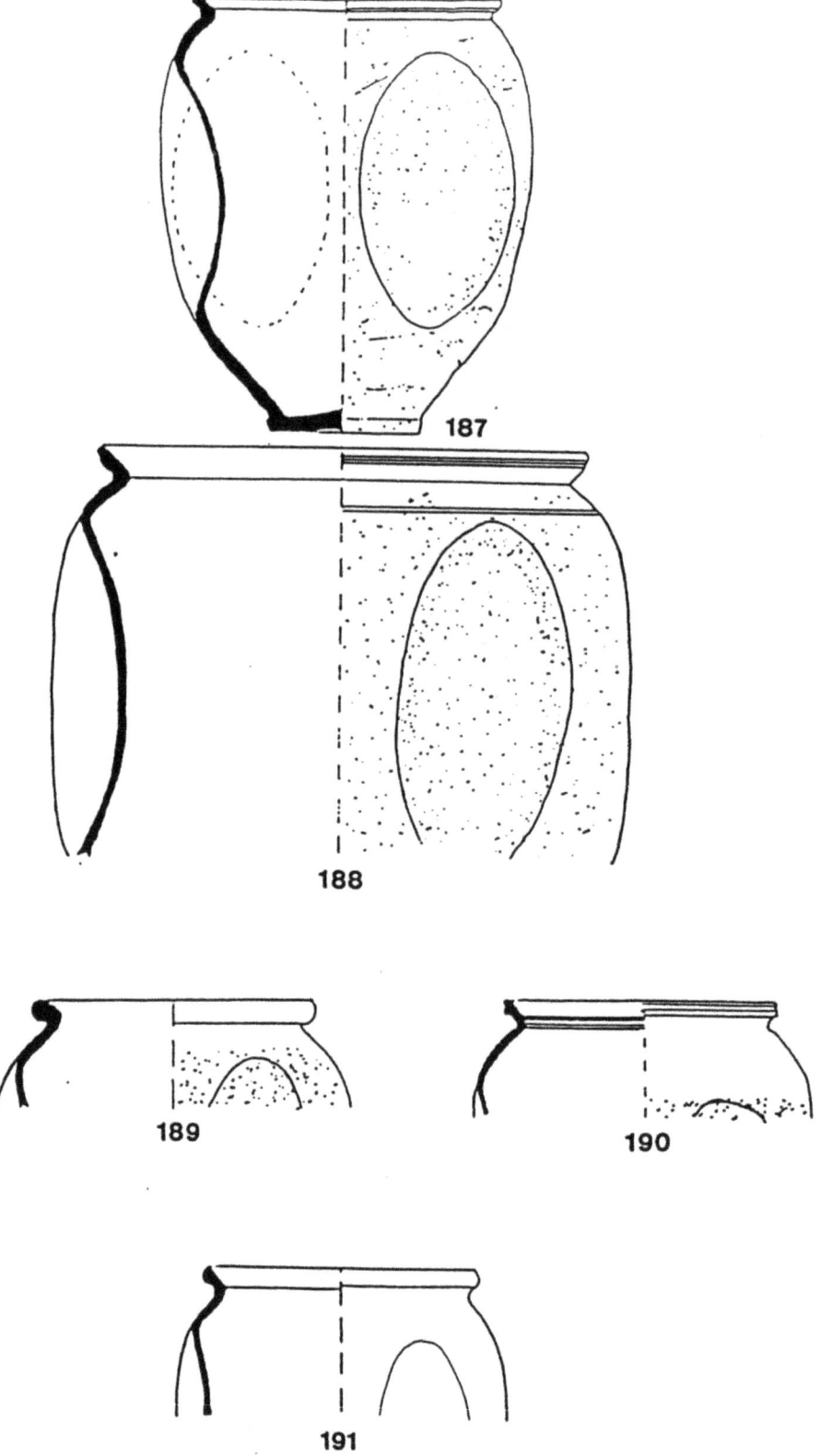

Type XXXIV

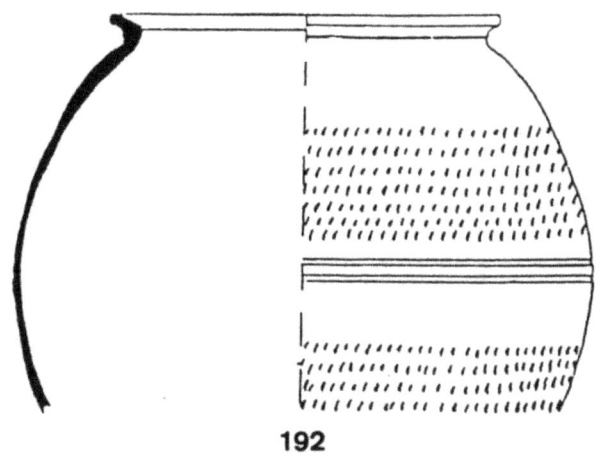

192

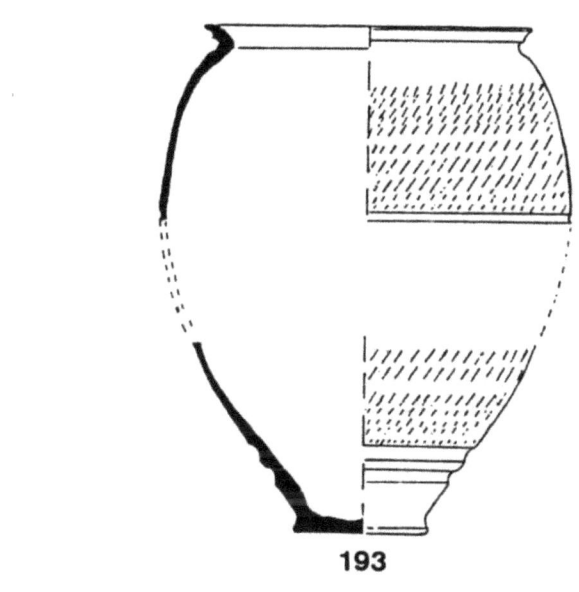

193

194   **195**

Type XXXV

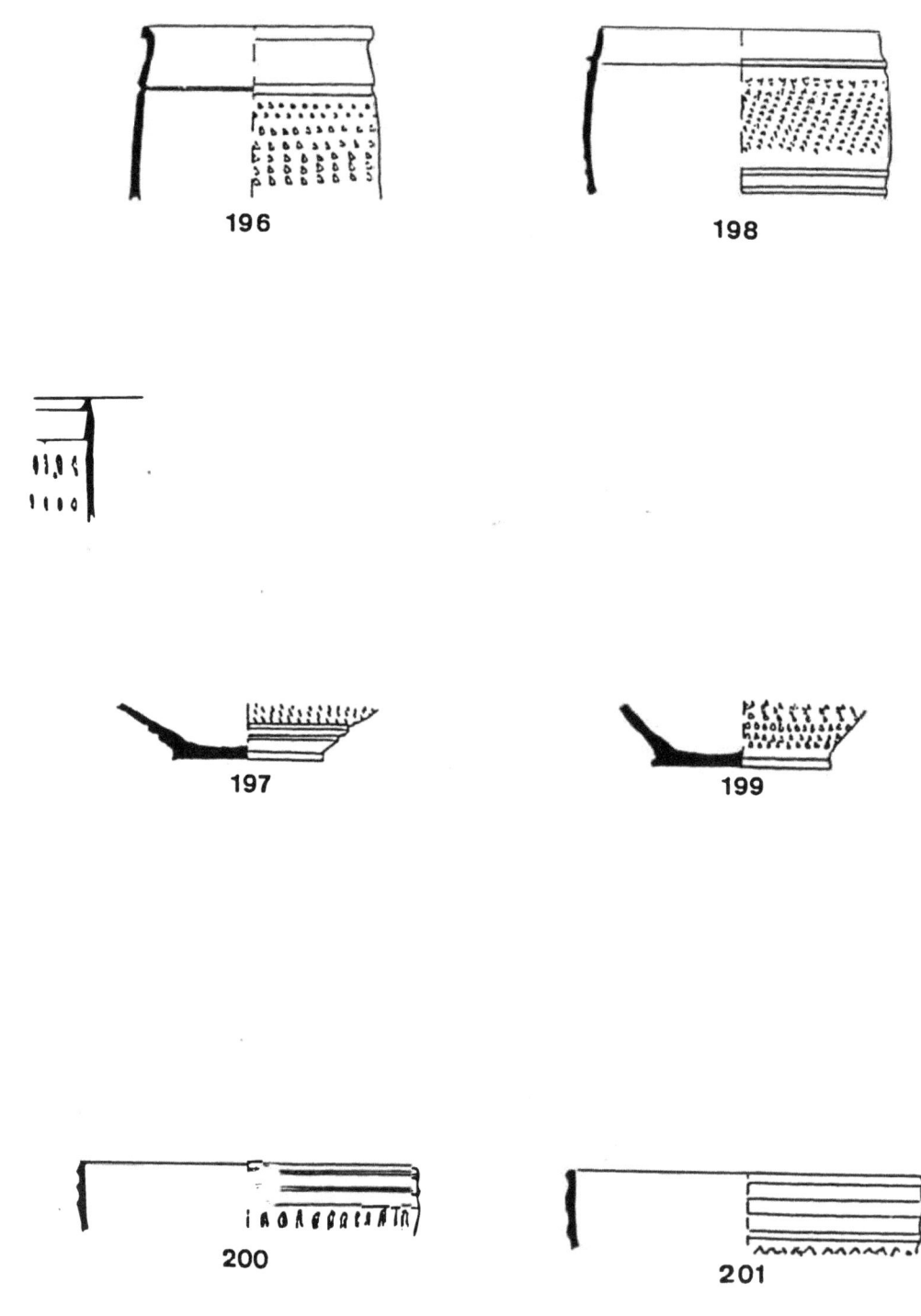

Type XXXVI - Type XXXVIa (n° 196-197-199) - Type XXXVIb (n° 198)
Type XXXVII (n° 200 et 201)

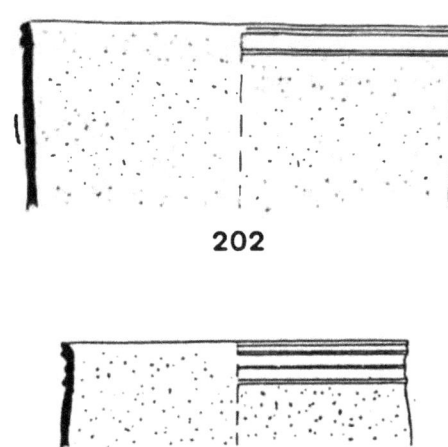

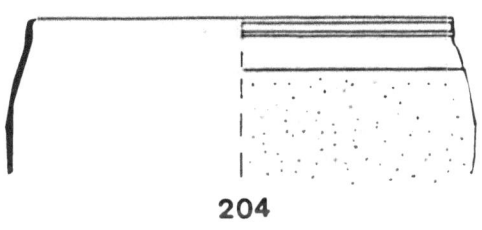

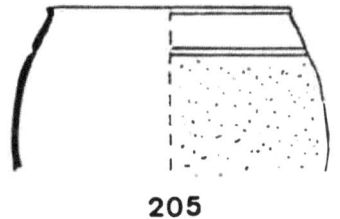

Type XXXVIII (n° 202)   **Type XXXIX** (n° 203)   **Type XL** (n° 204 & 205)

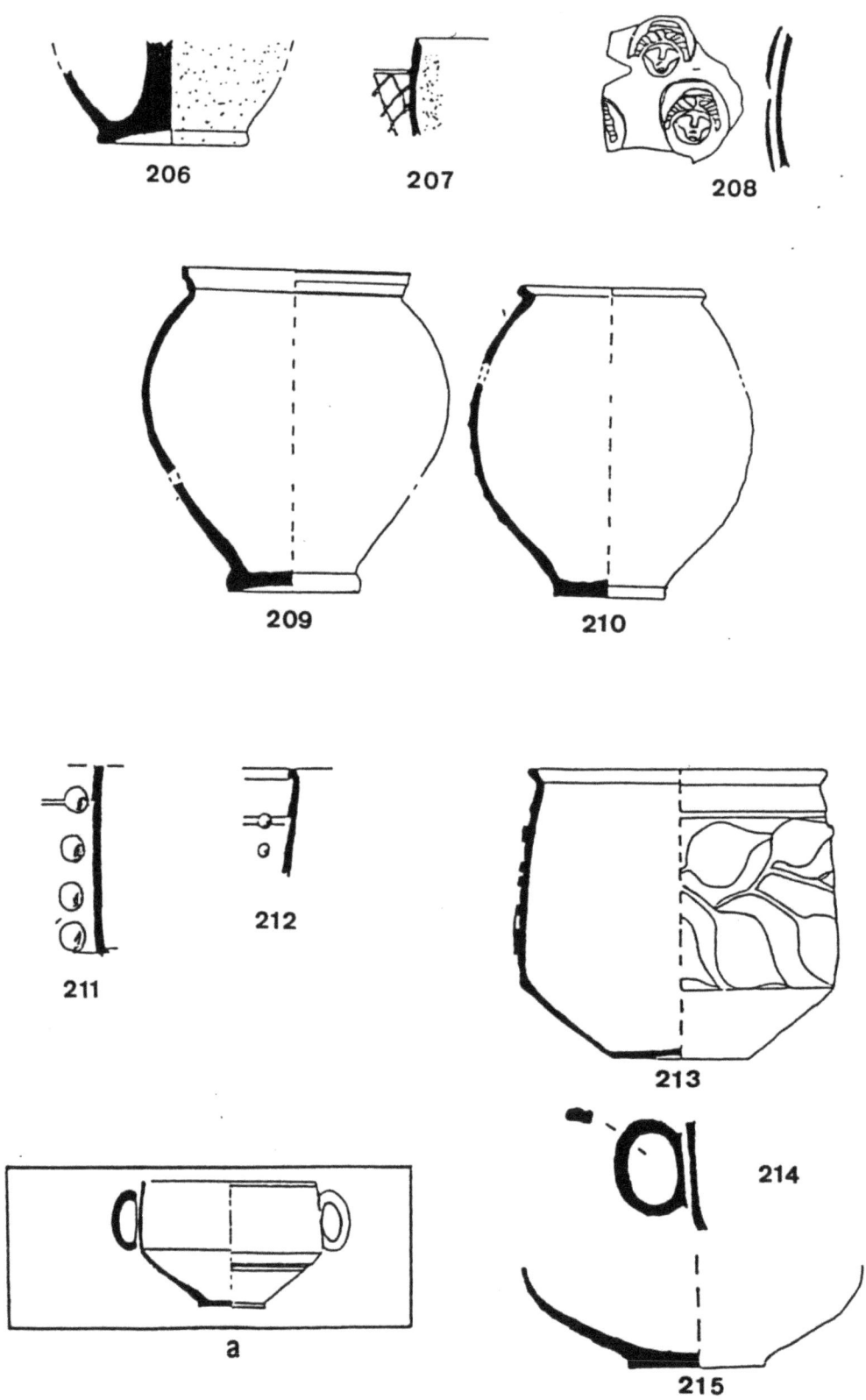

Type XLI (n° 206) **Type XLII** (n° 207) **Type XLIII** (n° 208)
Type XLIV (n° 209 & 210) **Type XLV** (n° 211 & 212) **Type XLVI** (n° 213)
Type XLVII (n° 214 & 215) (n° a, relevé dans MAYET 1975, pl. LXXX)

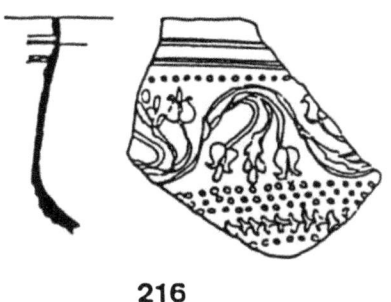
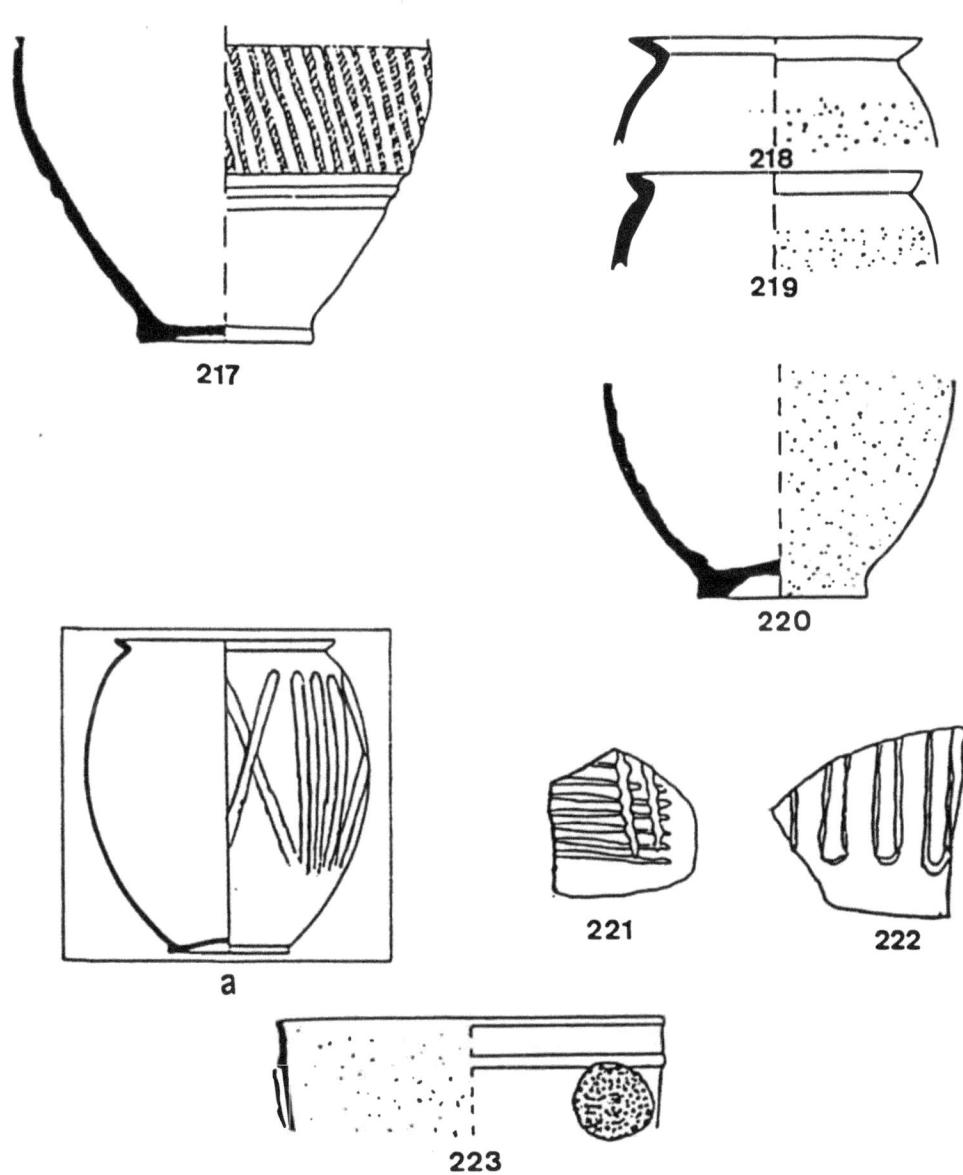

Type XLVIII (n° 216)   **Type XLIX** (n° 217)   **Type L** (n° 218 à 220)
Type LI (n° 221 & 222)   **Type LII** (n° 223)

(n° a, relevé dans ETTLINGER-SIMONET 1952, Taf 11 n° 239)

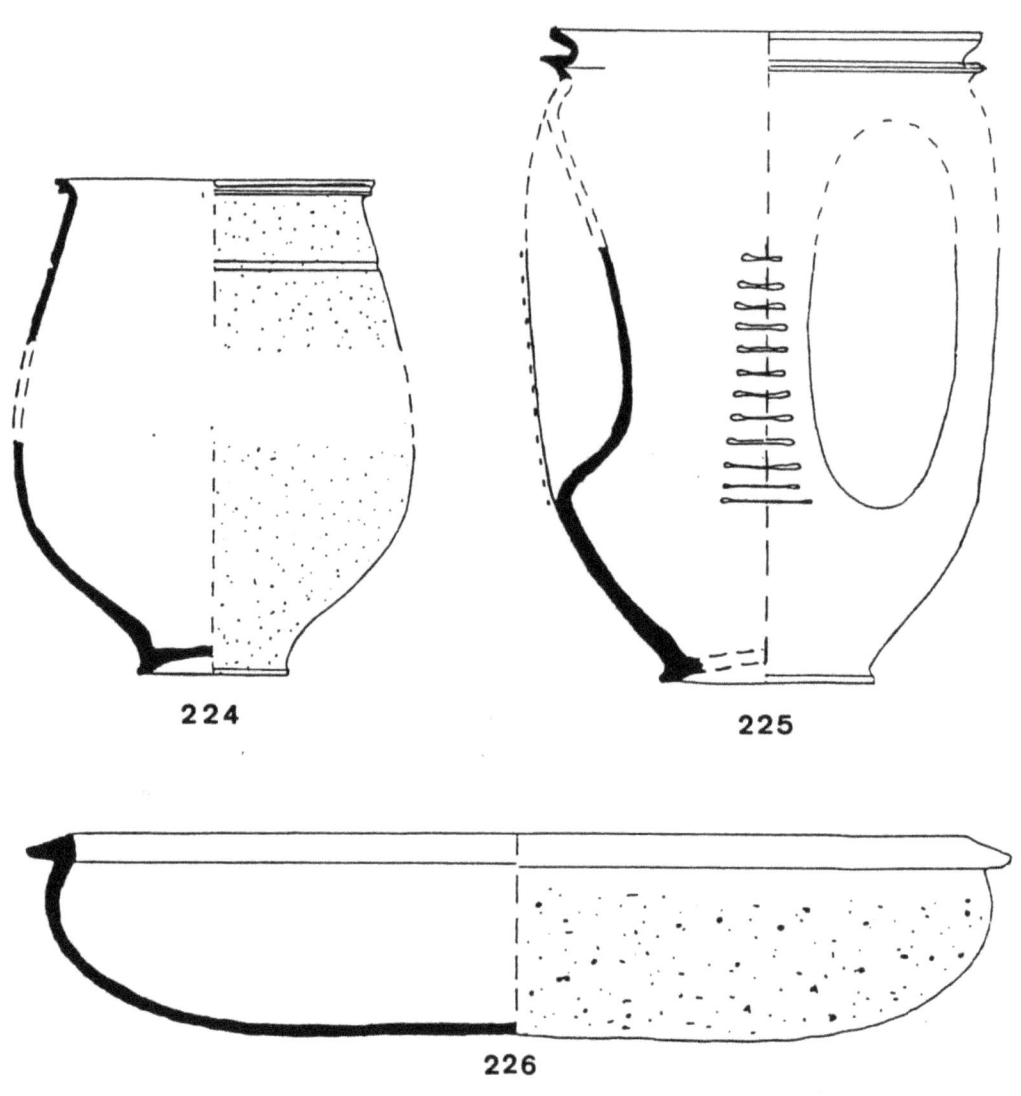

Type LIII (n° 224)　　**Type LIV** (n° 225)　　**Type LV** (n° 226)

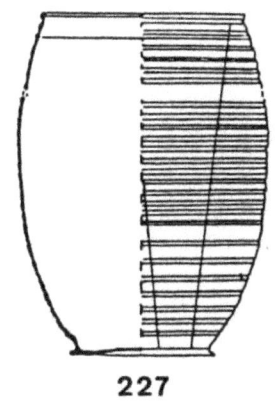

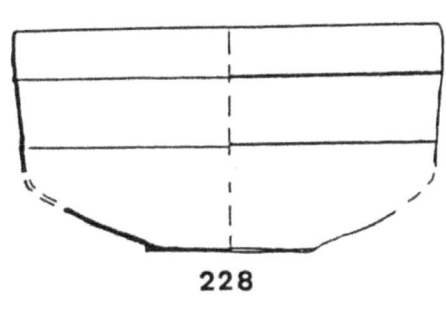

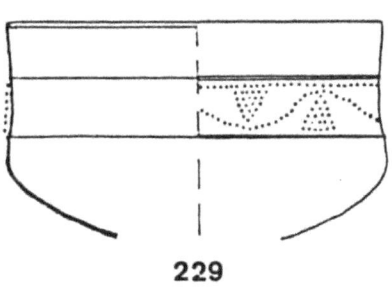

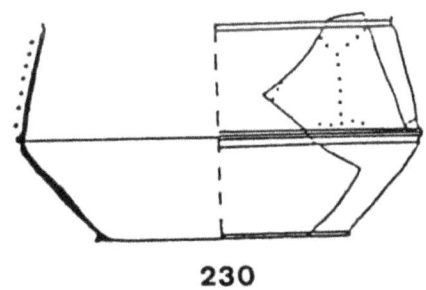

Type LVI (n° 227)	**Type LVII** (n° 228)
Type LVIII (n° 229)	**Type LIX** (n° 230)

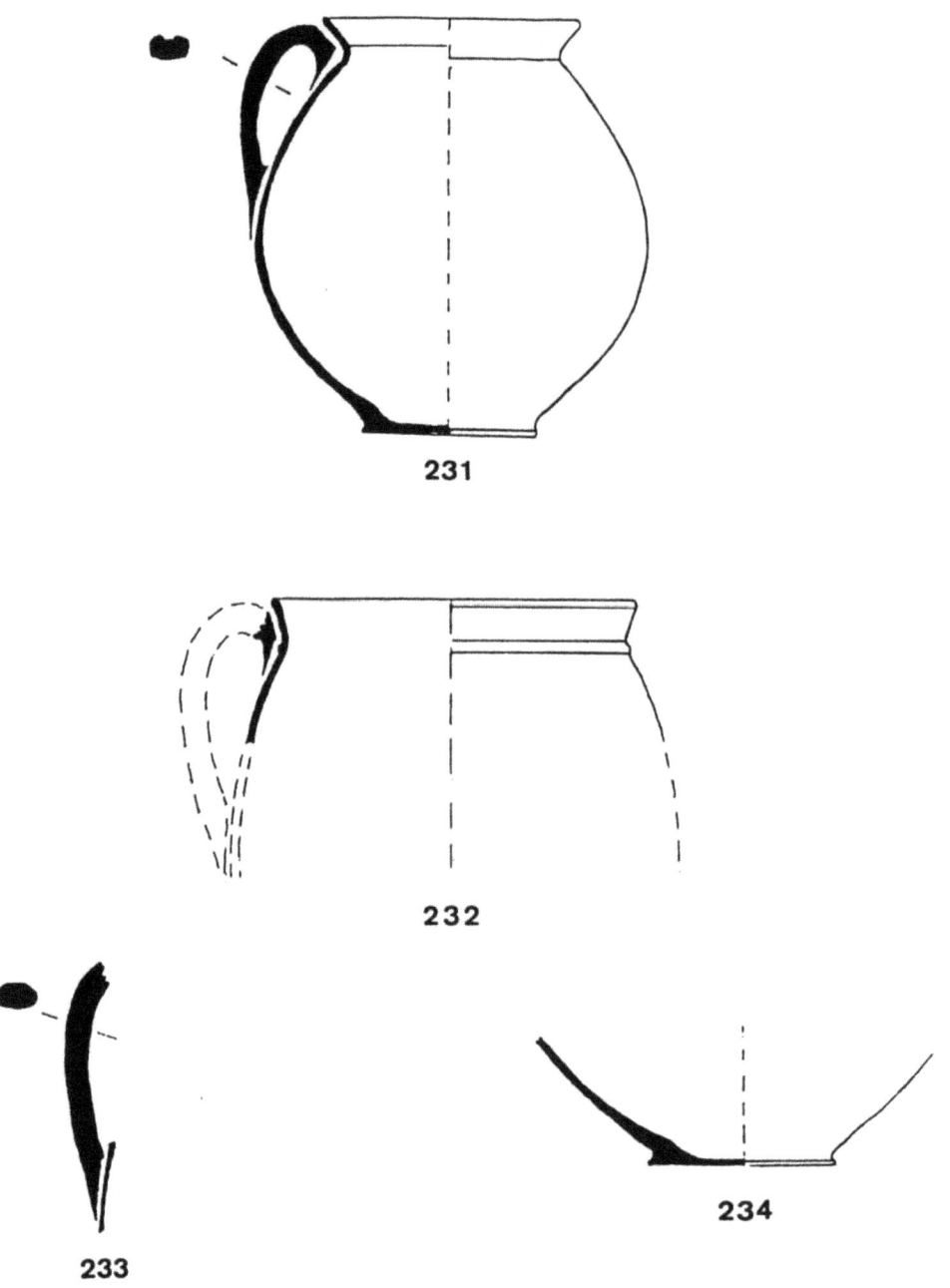

Type LX (n° 231)   **Type LXI** (n° 232 à 234)

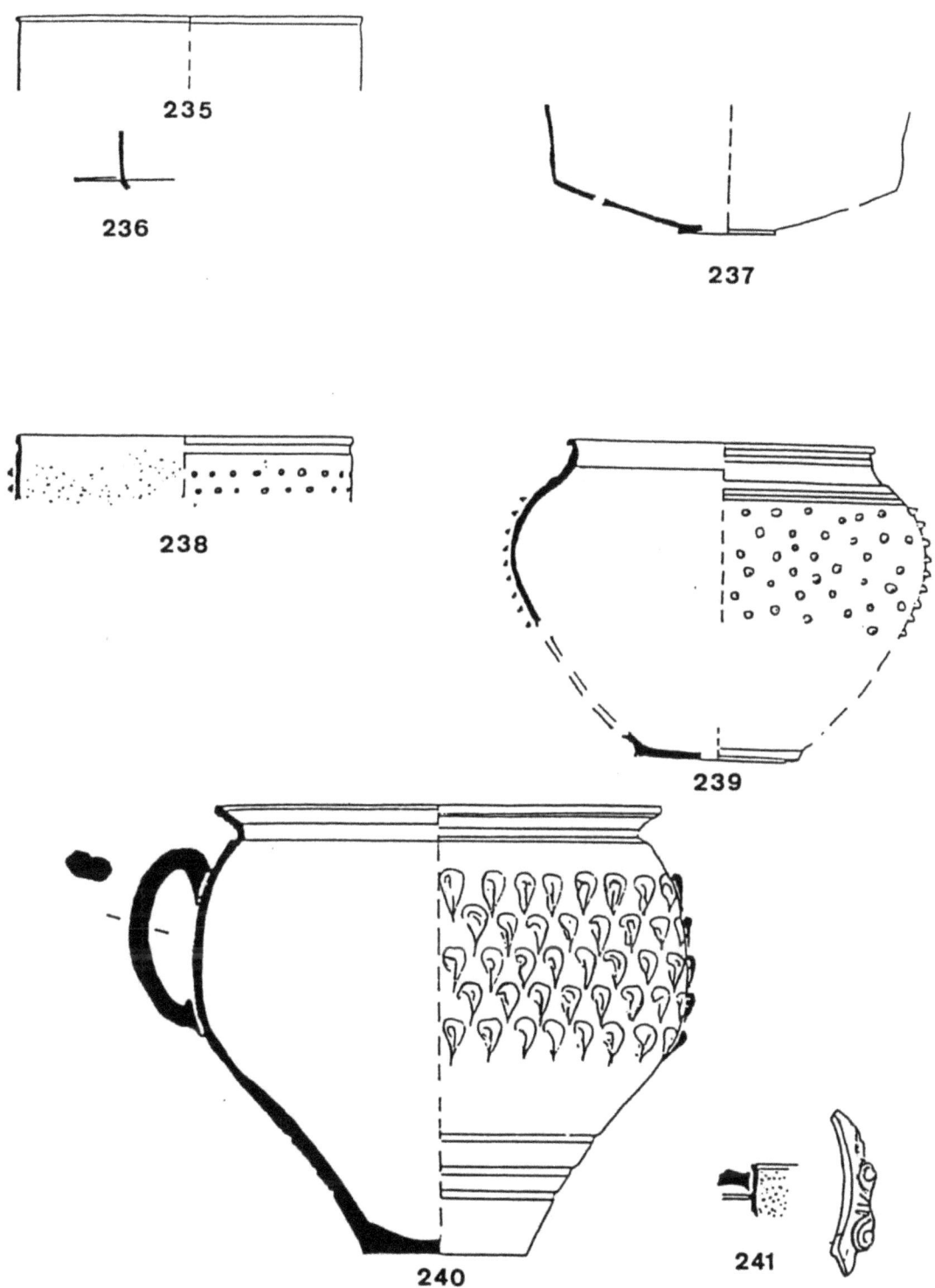

Type LXII (n° 235 à 237) **Type LXIII** (n° 238)
Type LXIV (n° 239) **Type LXV** (n° 240) **Type LXVI** (n° 241)

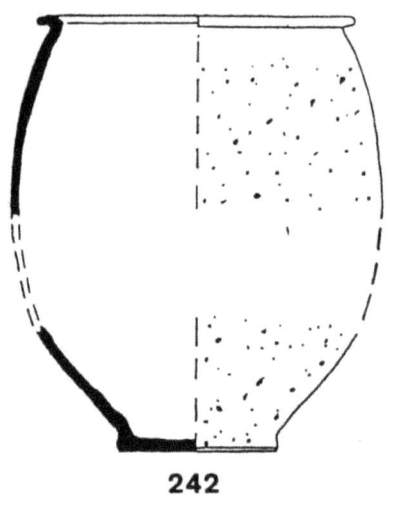
242

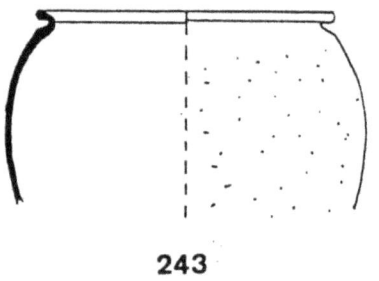
243

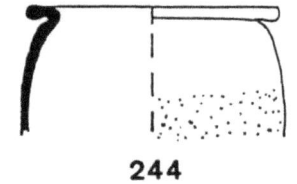
244

Type LXVII

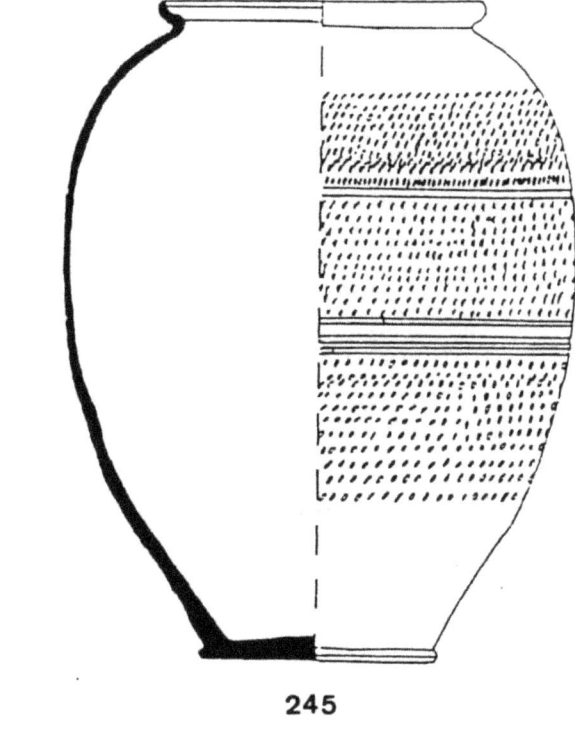

245

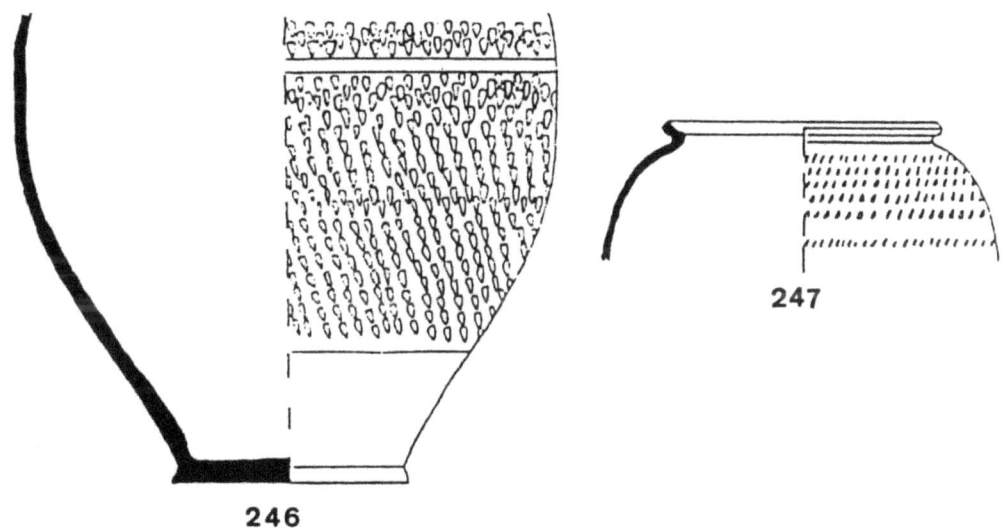

246

247

Type LXVIII

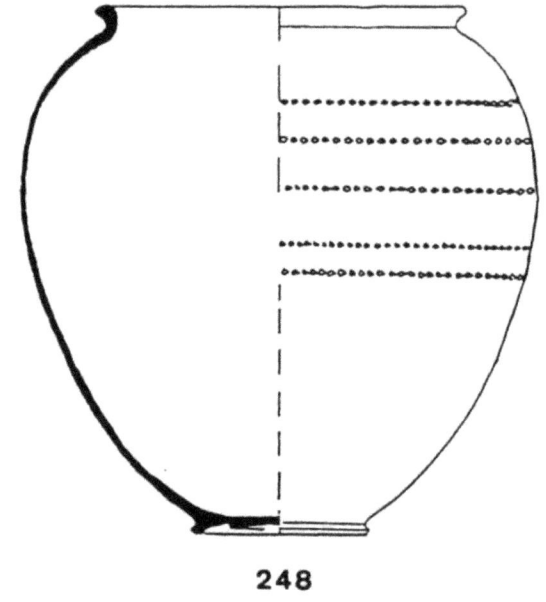

248

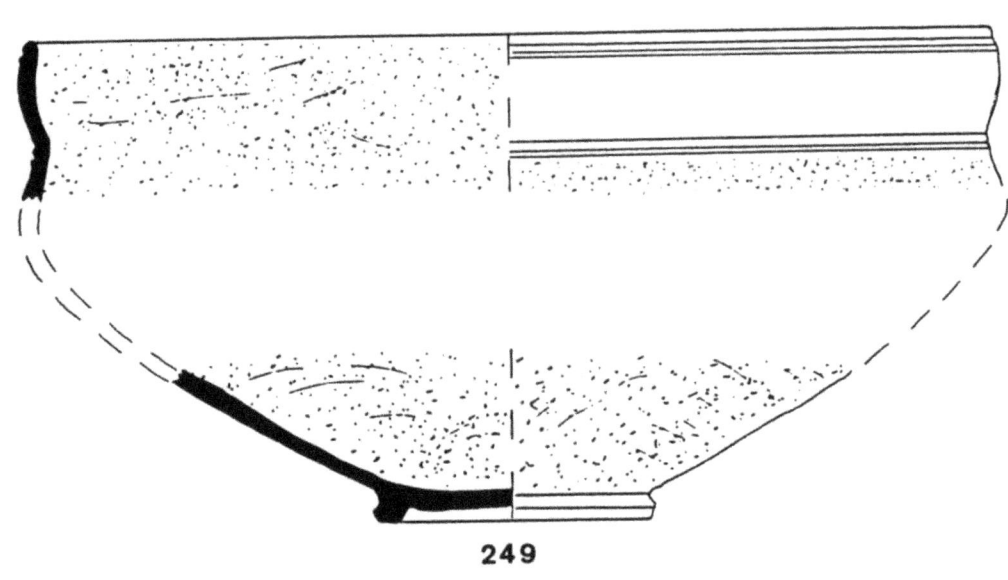

249

Type LXIX (n° 248)　　**Type LXX** (n° 249)

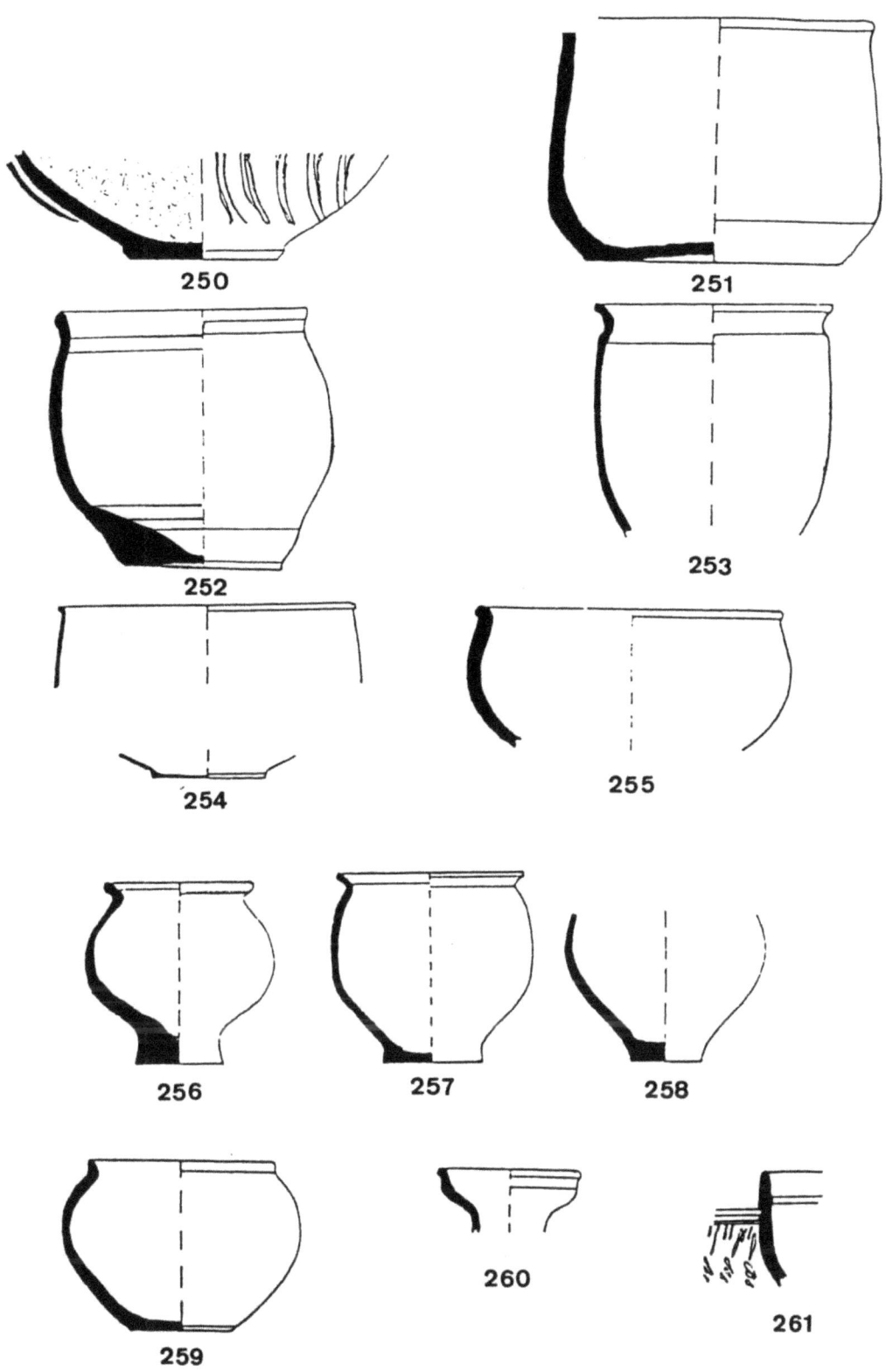

Type LXXI (n° 250)   **Type LXXII** (n° 251)   **Type LXXIII** (n° 252 & 253)
Type LXXIV (n° 254)   **Type LXXV** (n° 255)   **Type LXXVI** (n° 256 à 259)
Type LXXVII (n° 260) **Type LXXVIII** (n° 261)

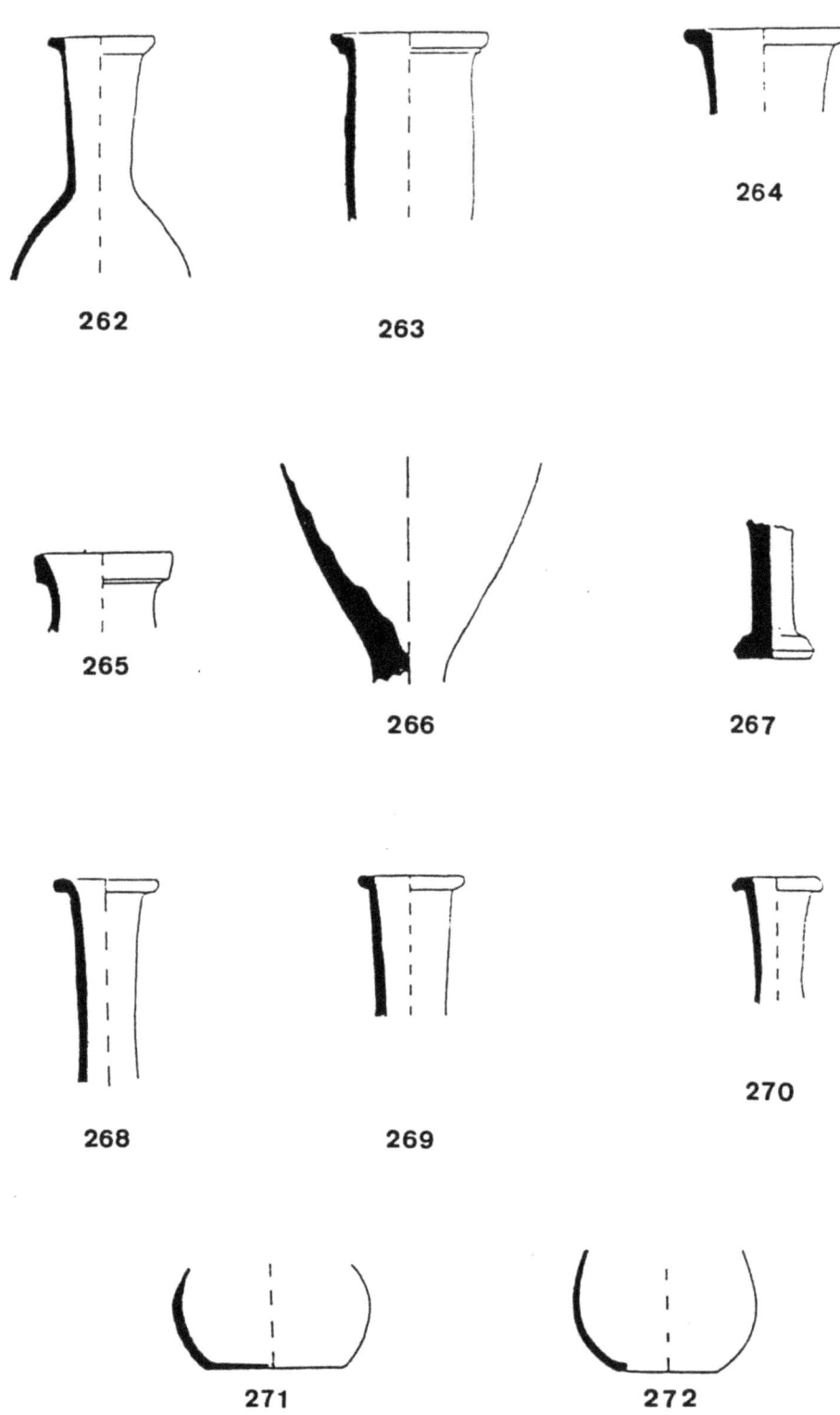

Type LXXXa (n° 262 à 267)   **Type LXXXb** (n° 268 à 272)

Récapitulatif des formes
et tableau des datations

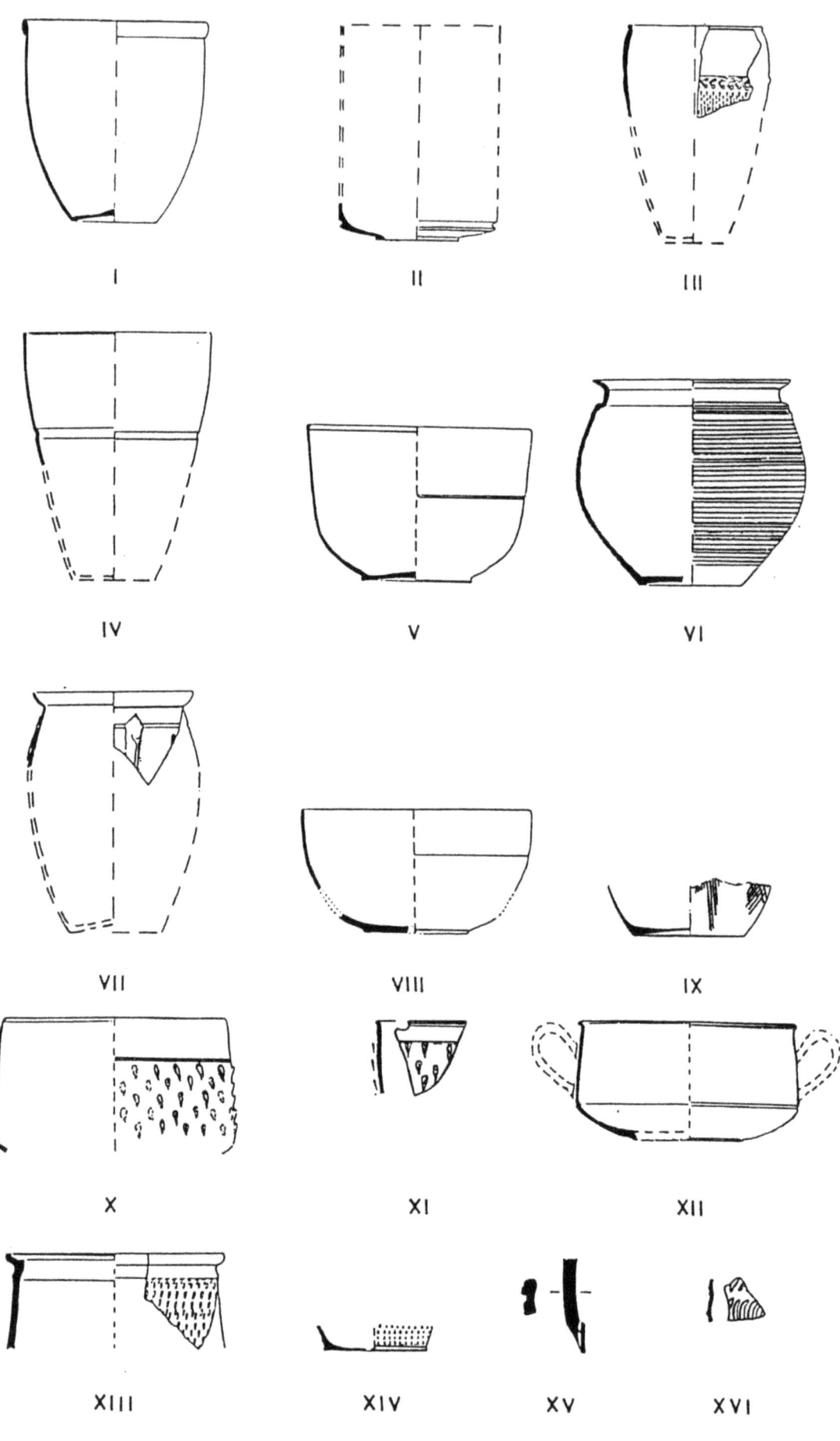

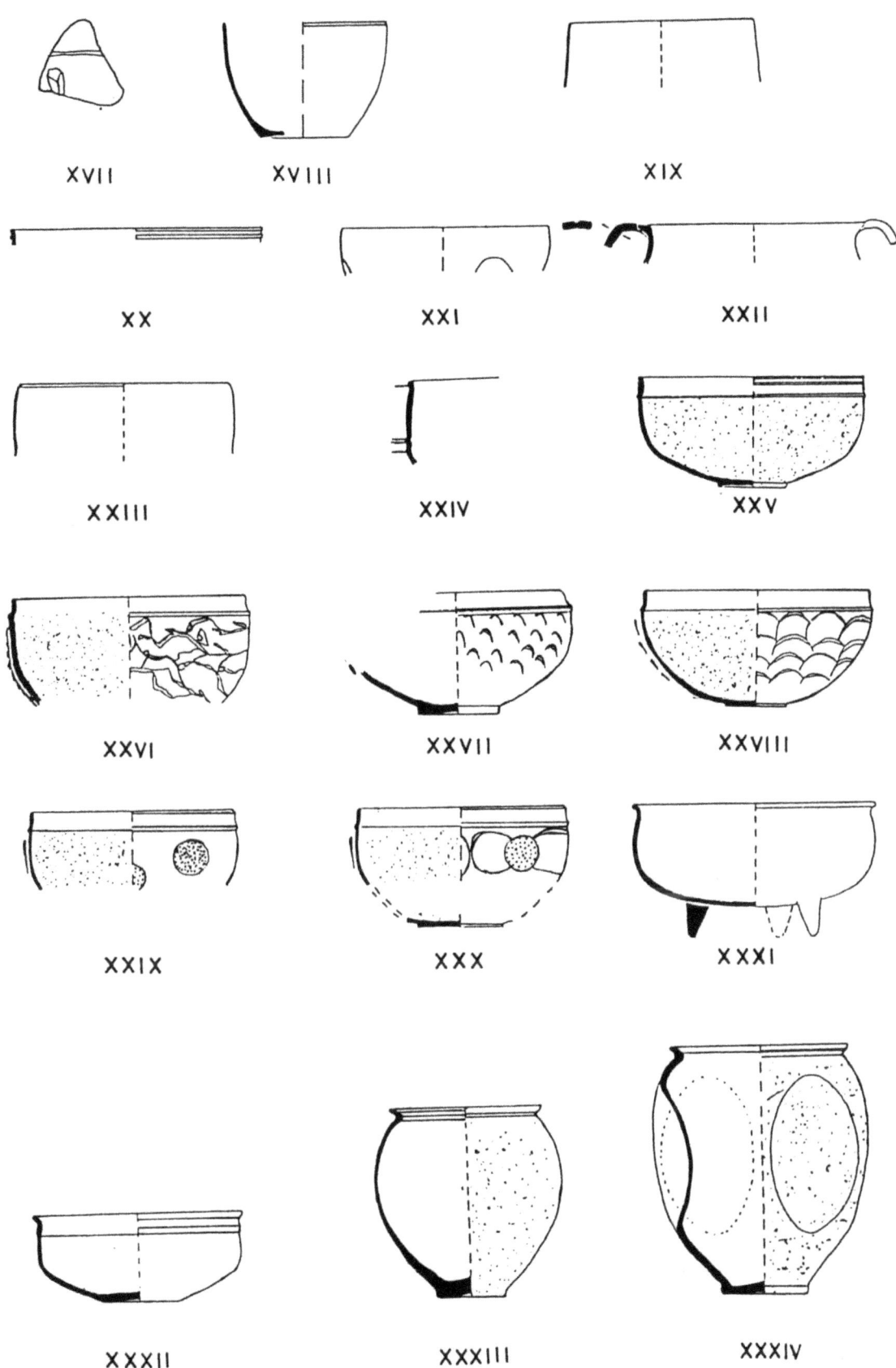

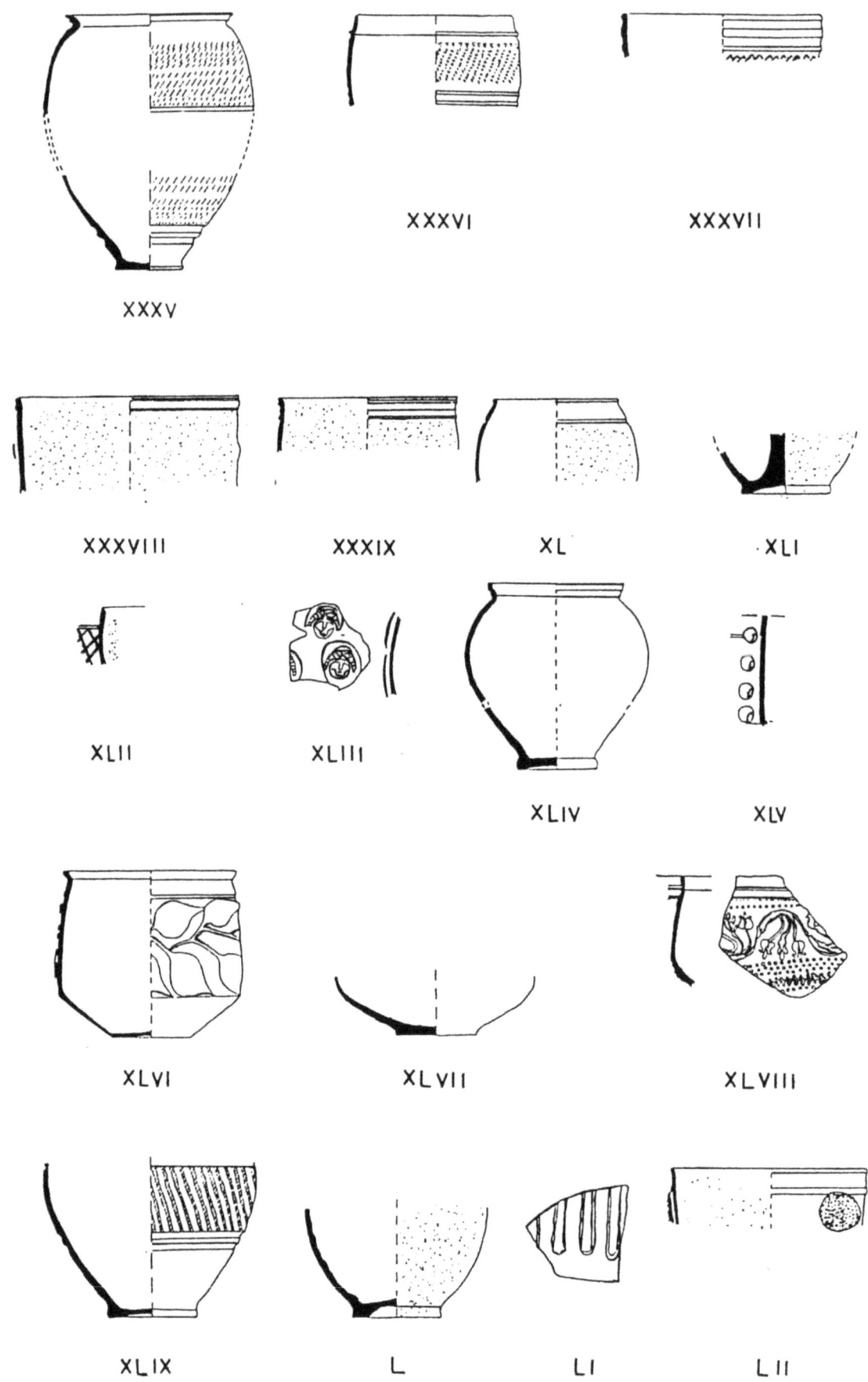

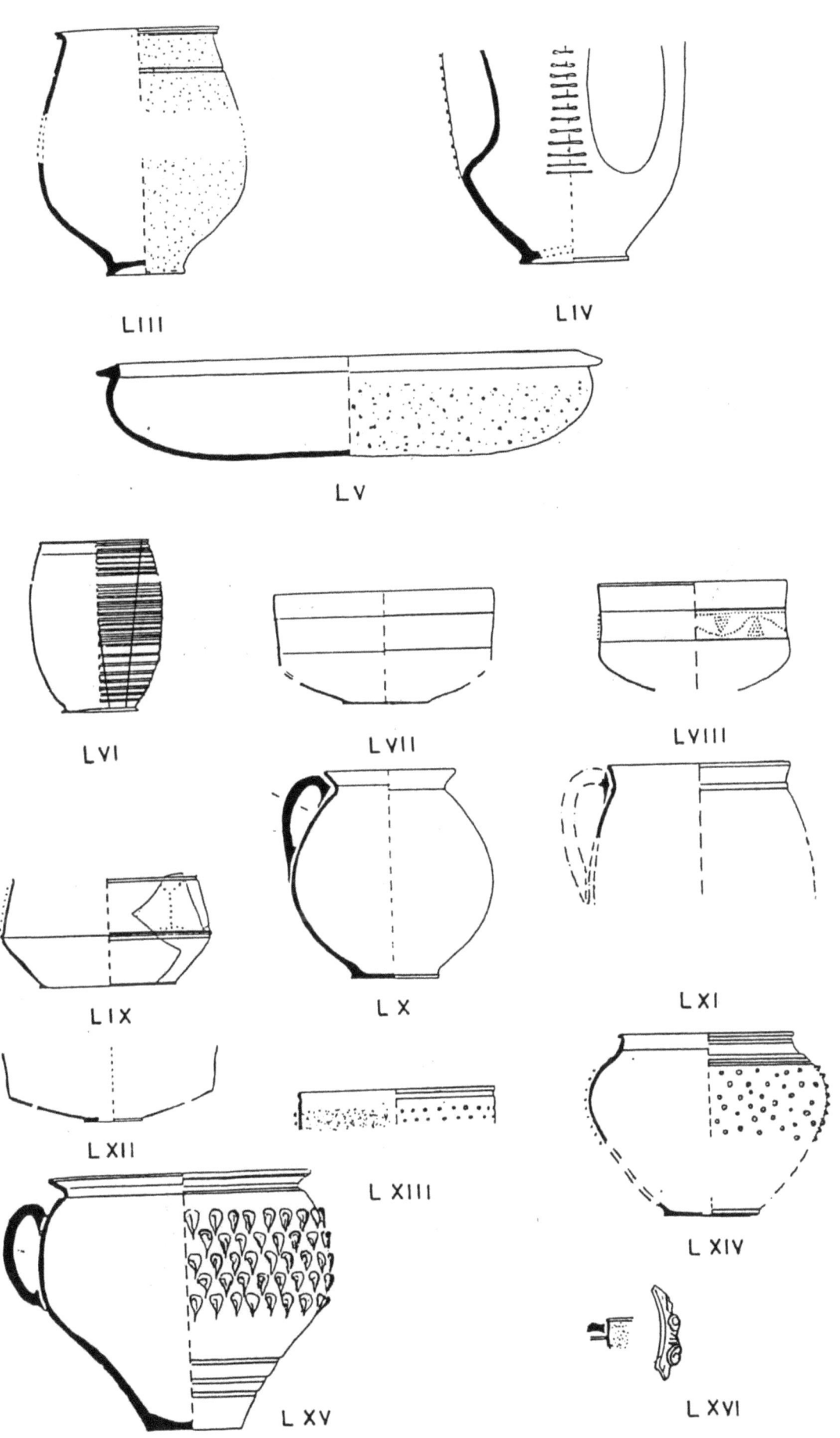

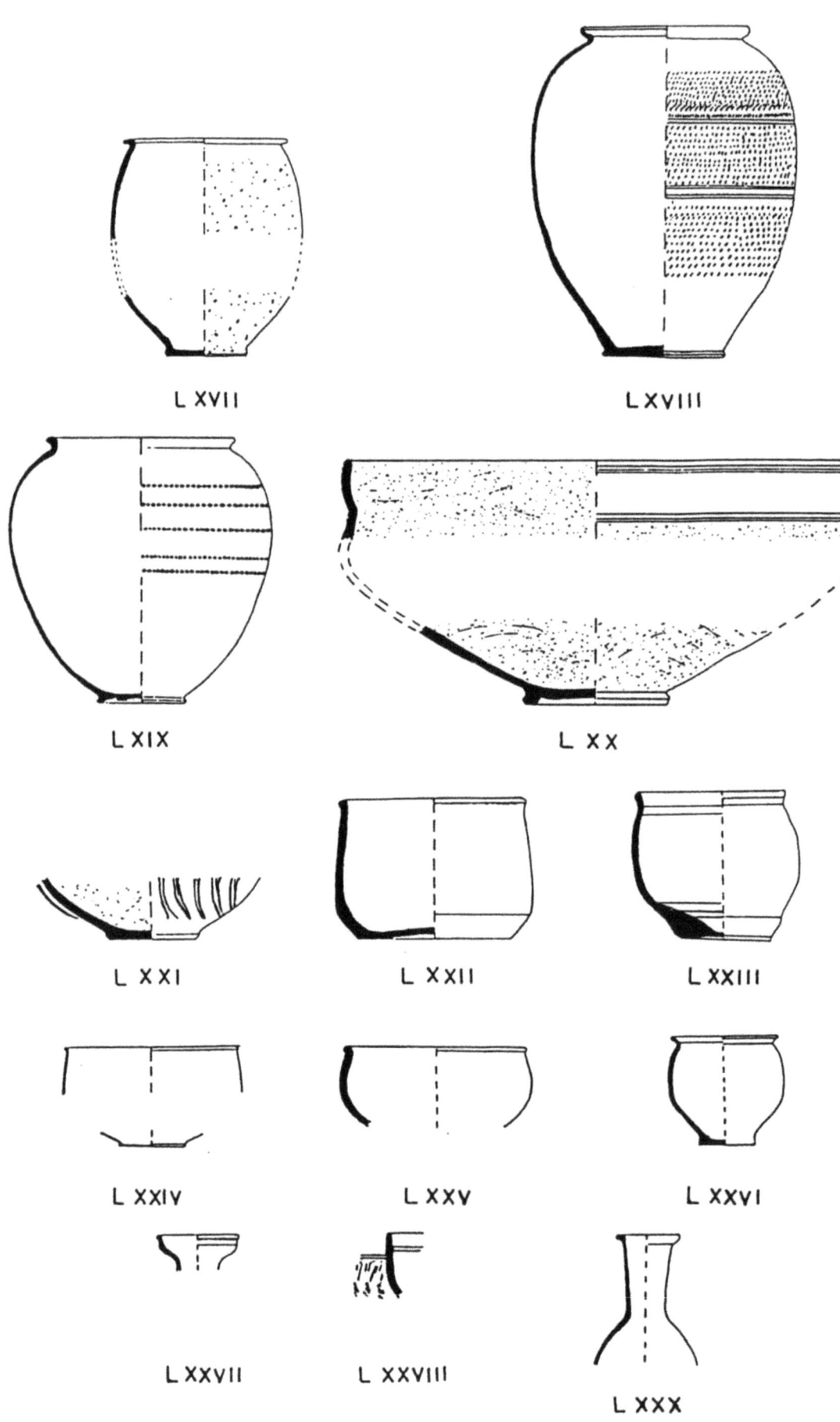

Tableau des datations

Type I

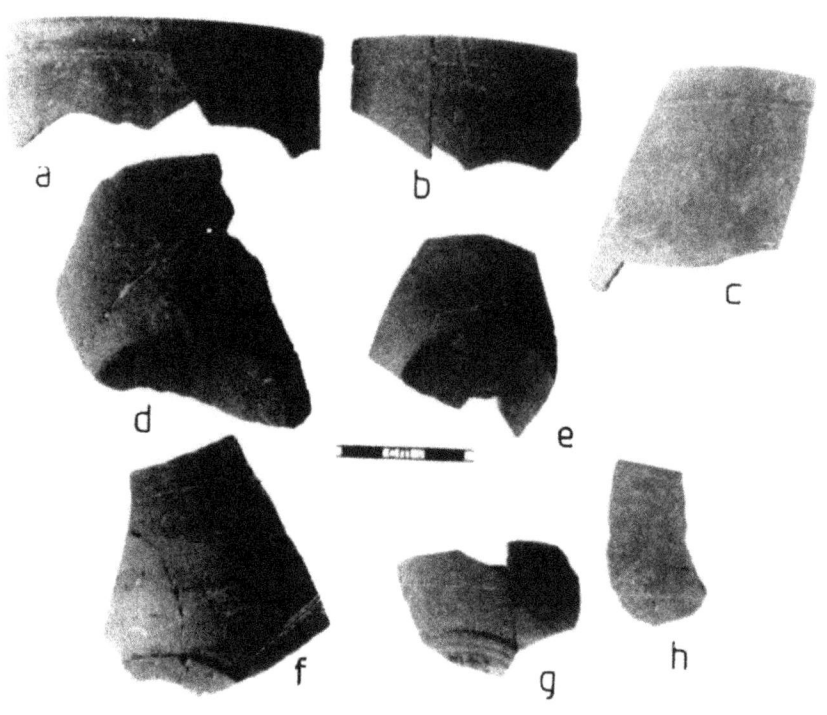

Type I (n° a à e) **Type V** (n° f à h)

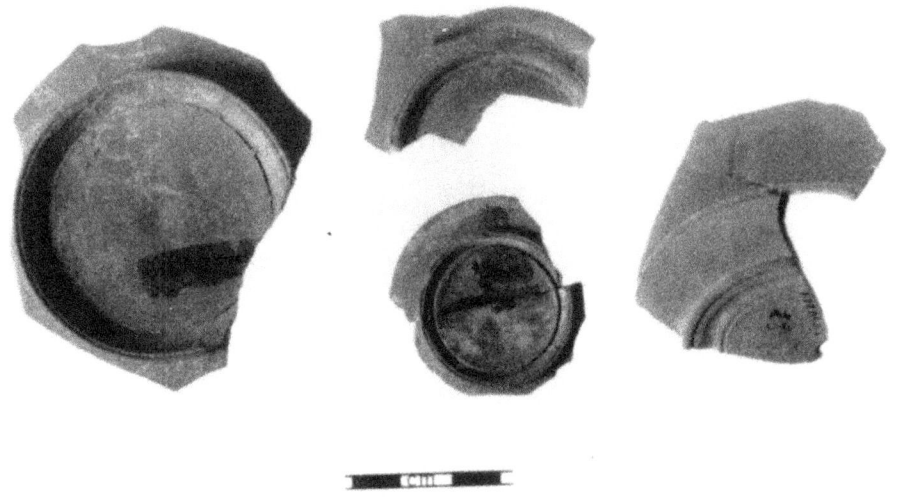

Type II

Type III

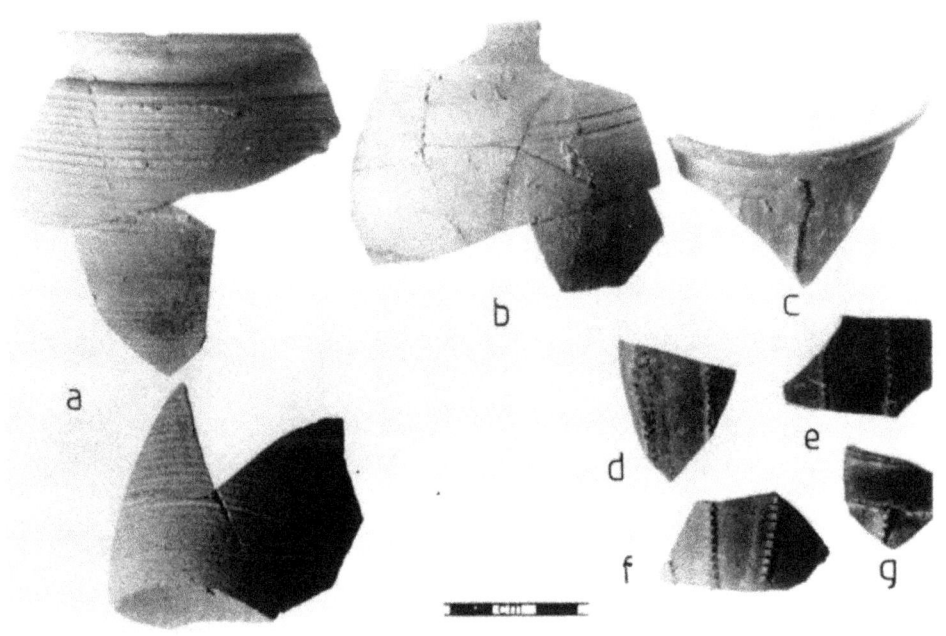

Type VI (n° a & b)   Type VII (n° c à g)

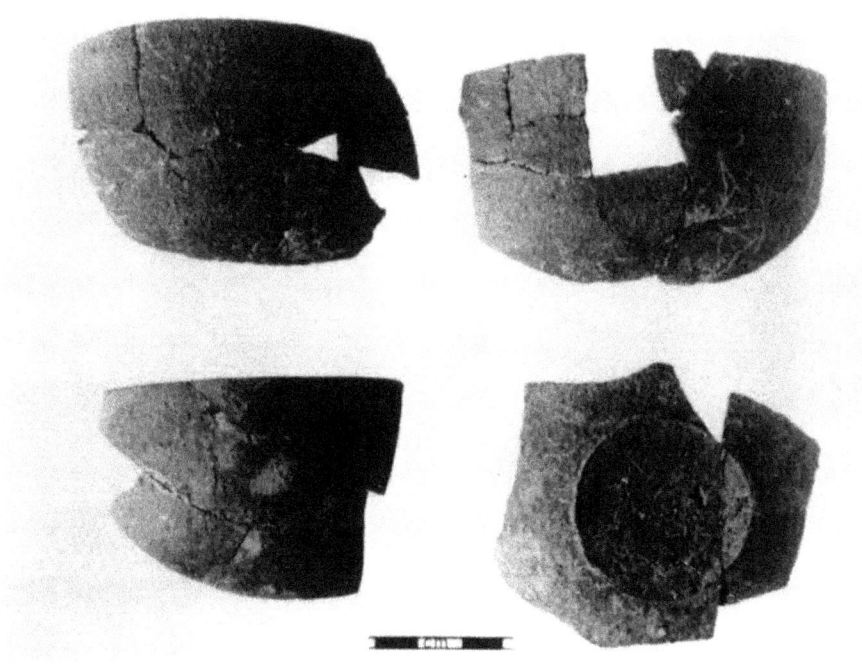

Type VIII

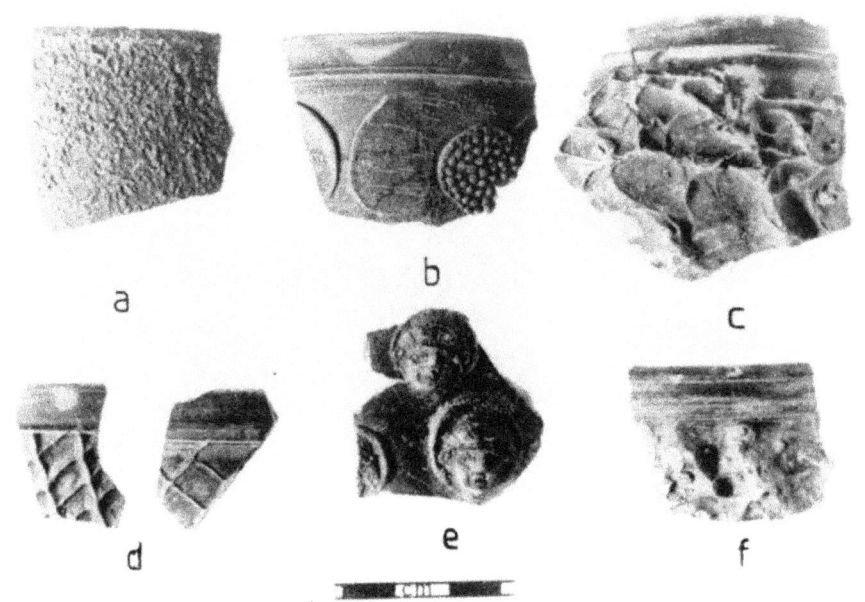

Type XXV (n° a) **Type XXVI** (n° c & f) **Type XXX** (n° b)
Type XLII (n° d) **Type XLIII** (n° e)

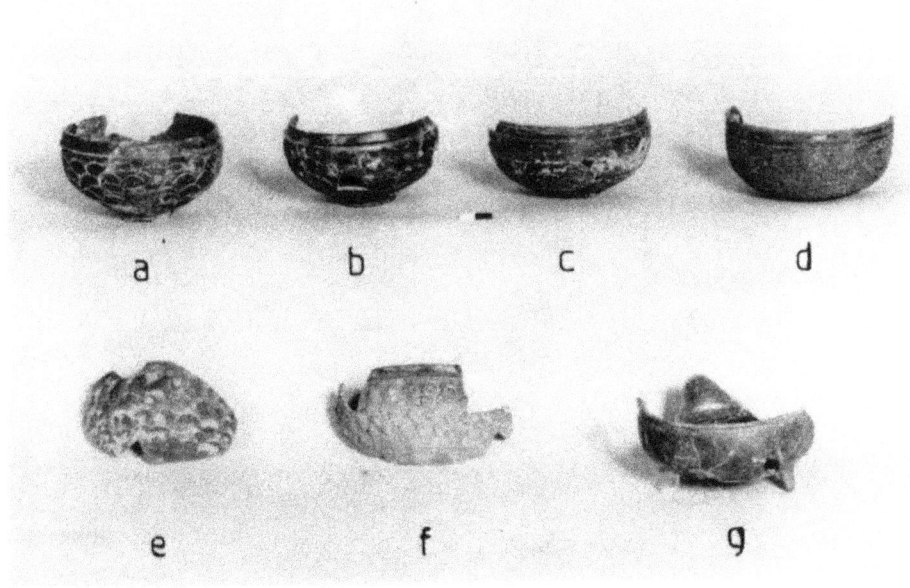

Type XXV (n° c & d) **Type XXVII** (n° e & f)
Type XXVIII (n° a & b) **Type XXXI** (n° g)

Type XXXII

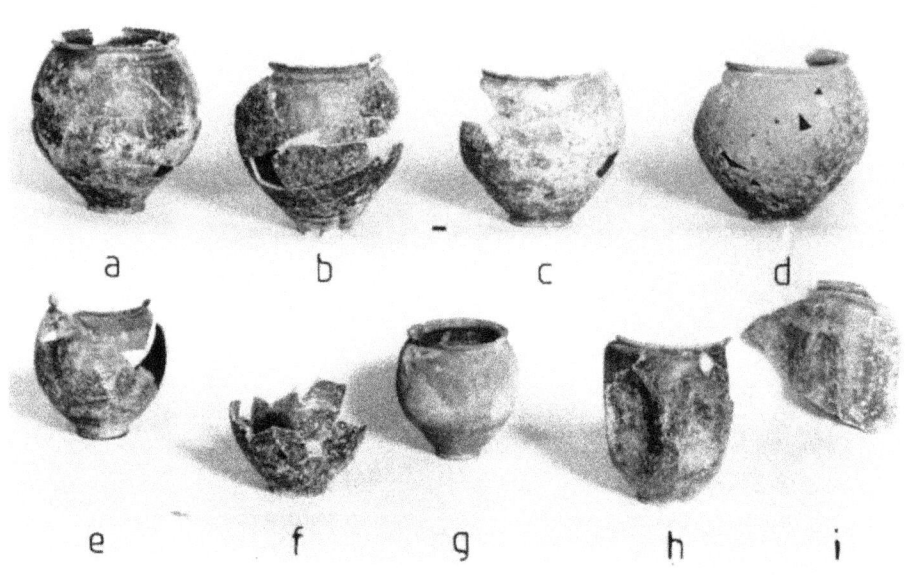

Type XXXIII (n° a à g)   **Type XXXIV** (n° h à i)

Type XXXVI

Type IX (n° a) **Type X** (n° b) **Type XII** (n° c)
Type XLV (n° d & e)

Type XLVI

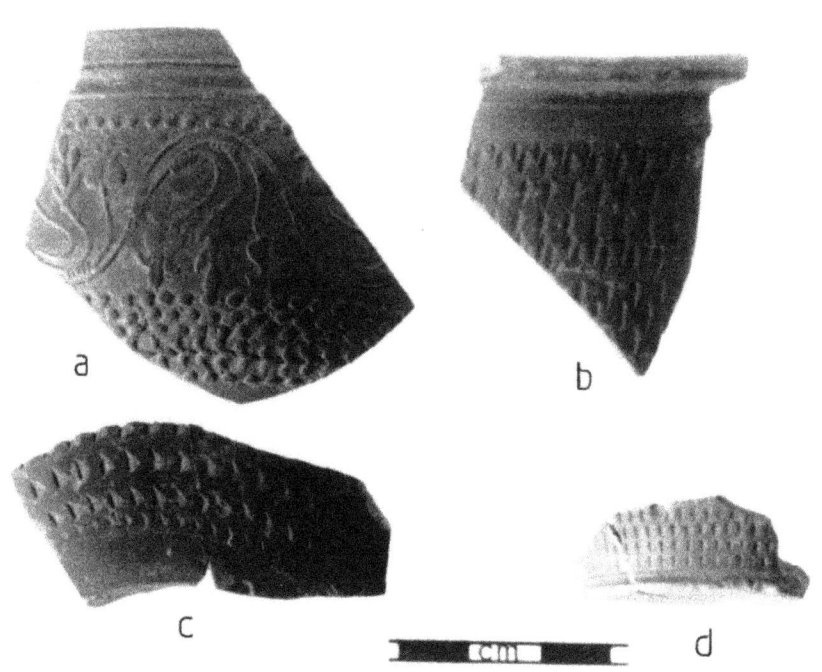

Type XLVIII (n° a)   **Type XIII** (n° b & n° c)   **Type XIV** (n° d)

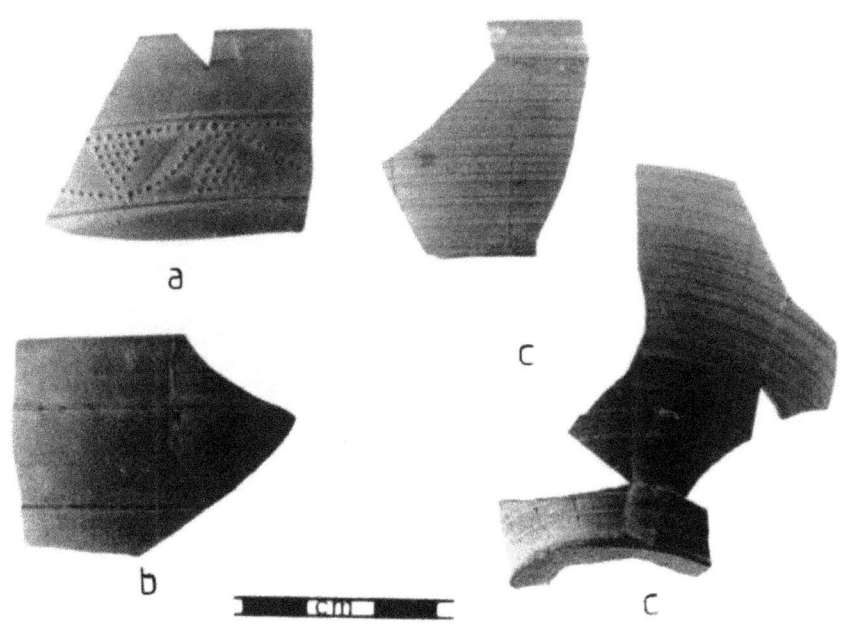

Type LVIII (n° a)   **Type LVII** (n° b)   **Type LVI** (n° c)

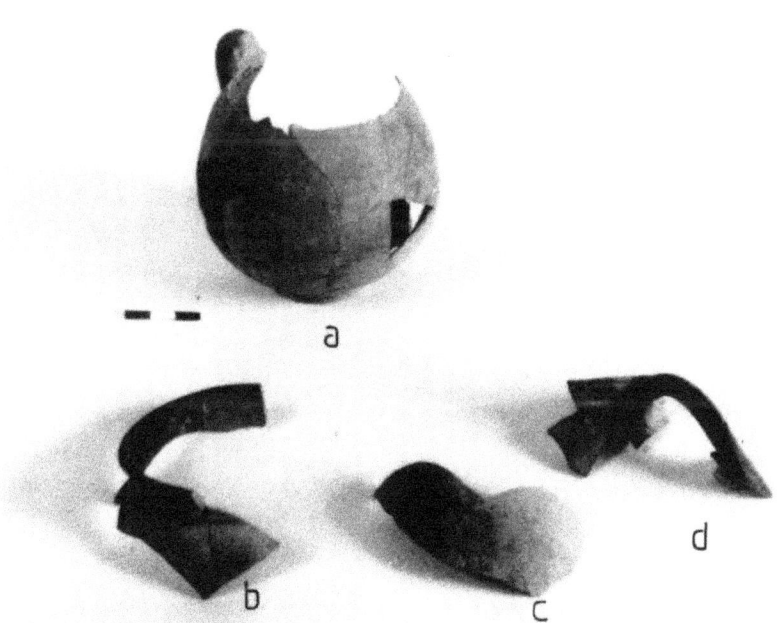

Type LX (n° a)   **Type LXI** (n° b à d)

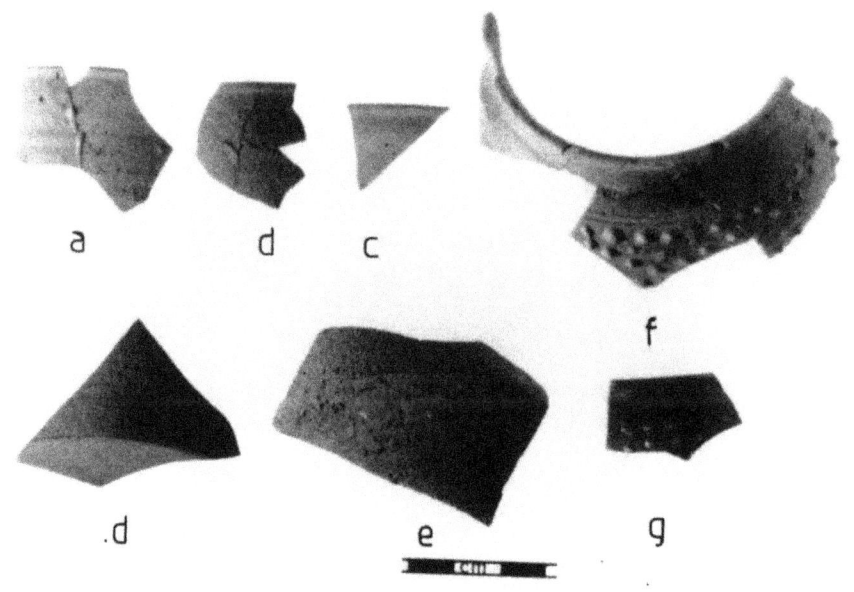

Type LXII (n° a à e)   **Type LXIII** (n° g)   **Type LXIV** (n° f)

Type LXV

Type III

Type LXXX

TABLE DES MATIERES

PREFACE

AVANT PROPOS												p. 1

INTRODUCTION											p. 9

Première Partie : **LES PAROIS FINES AUGUSTEENNES**			p. 19

CHAPITRE PREMIER :

**PRODUCTIONS ATTESTEES DE L'ATELIER DE LOYASSE
ET DE L'ATELIER DE LA MUETTE.**							p. 20

    Type I										p. 21
    Type II										p. 26
    Type III									p. 28
    Type IV										p. 31
    Type V										p. 33

DEUXIEME CHAPITRE :

**PRODUCTIONS PROBABLES DE L'ATELIER DE LOYASSE
ET DE L'ATELIER DE LA MUETTE.**							p. 35

    Type VI										p. 35
    Type VII									p. 37
    Type VIII									p. 39
    Type IX										P. 41

TROISIEME CHAPITRE :

**IMPORTATIONS OU IMITATIONS DES ATELIERS DE LOYASSE
ET DE LA MUETTE ?**										p. 42

    Type X										p. 42
    Type XI										p. 43
    Type XII									p. 43

QUATRIEME CHAPITRE

IMPORTATIONS.											p. 45

    Vienne :

        Type XIII							p. 46
        Type XIV								p. 46

CINQUIEME CHAPITRE

DIVERS. p. 48

    Type XV p. 48
    Type XVI p. 48
    Type XVI p. 49
    Type XVII p. 49
    Type XVIII p. 50
    Type XIX p. 51
    Type XX p. 51
    Type XXI p. 51
    Type XXII p. 52
    Type XXIII p. 52
    Type XXIV p. 53

Deuxième Partie : **PAROIS FINES DU Ier SIECLE AP. J.C.** p. 54

CHAPITRE PREMIER :

PRODUCTIONS ATTESTEES DE L'ATELIER DE LA BUTTE. p. 55

    Type XXV p. 55
    Type XXVI p. 58
    Type XXVII p. 59
    Type XXVIII p. 59
    Type XXIX p. 60
    Type XXX p. 60
    Type XXXI p. 62
    Type XXXII p. 63
    Type XXXIII p. 65
    Type XXXIV p. 67
    Type XXXV p. 69
    Type XXXVI p. 70
    Type XXXVII p. 71

DEUXIEME CHAPITRE :

PRODUCTIONS PROBABLES DE L'ATELIER DE LA BUTTE. p. 73

    Type XXXVIII p. 73
    Type XXXIX p. 74
    Type XL p. 74
    Type XLI p. 75
    Type XLII p. 76
    Type XLIII p. 76
    Type XLIV p. 77

TROISIEME CHAPITRE :

IMPORTATIONS OU IMITATIONS DE L'ATELIER DE LA BUTTE ? p. 78

    Type XLV p. 78
    Type XLVI p. 78
    Type XLVII p. 79

QUATRIEME CHAPITRE :
IMPORTATIONS.   p. 81

    La Graufesenque :

        Type XLVIII   p. 81
        Type XLIX   p. 83

    Centre de la Gaule :

        Type L   p. 84
        Type LI   p. 85
        Type LII   p. 86
        Type LIII   p. 87
        Type LIV   p. 88
        Type LV   p. 89

    Italie :

        Type LVI   p. 90
        Type LVII   p. 91
        Type LVIII   p. 91
        Type LIX   p. 91
        Type LX   p. 93
        Type LXI   p. 94

    Espagne :

        Type LXII   p. 95
        Type LXIII   p. 96
        Type LXIV   p. 97
        Type LXV   p. 97
        Type LXVI   p. 98

CINQUIEME CHAPITRE :
DIVERS.   p.100

    Type LXVII   p.100
    Type LXVIII   p.100
    Type LXIX   p.101
    Type XX   p.102
    Type LXXI   p.102
    Type LXXII   p.103
    Type LXXIII   p.103
    Type LXXIV   p.103
    Type LXXV   p.104
    Type LXXVI   p.104
    Type LXXVII   p.105
    Type LXXVIII   p.105
    Type LXXIX   p.105
    Type LXXX   p.105

CONCLUSION   p.108

BIBLIOGRAPHIE   p.112

CARTE GEOGRAPHIQUE	p.120
ANNEXES :	p.121
- Liste et datation des contextes stratigraphiques	p.122
- I) Diagrammes des pourcentages des différentes catégories de céramiques dans les niveaux étudiés.	p.123
- II) Diagrammes des pourcentages des différentes types de parois fines dans les niveaux étudiés.	p.127
- III) Concordance : typologie / stratigraphie.	p.134
CATALOGUE :	p.139
Dessins : Type I à Type LXXX	p.140
Récapitulatif des formes et Tableau des datations.	p.182
Photos : Type I ; Type II ; Type III ; Type V ; Type VI ; Type VII ; Type VIII ; Type IX ; Type X ; Type XII; Type XIII ; Type XIV ; Type XXV ; Type XXVI ; Type XXVII ; Type XXVIII ; Type XXX ; Type XXXI ; Type XXXII ; Type XXXIV ; Type XXXVI; Type XLII ; Type XLIII ; Type XLV ; Type XLVI ; Type XLVIIII ; Type LVI ; Type LVII; Type LVIII ; Type LX ; Type LXI ; Type LXII ; Type LXIII ; Type LXV ; Type LXXX.	p.188
TABLE DES MATIERES	p.198

www.ingramcontent.com/pod-product-compliance
Ingram Content Group UK Ltd.
Pitfield, Milton Keynes, MK11 3LW, UK
UKHW060200240426
12048UKWH00029B/1670